ありえないレベルで人を大切にしたら23年連続黒字になった仕組み

近藤宣之
株式会社日本レーザー
代表取締役社長

ダイヤモンド社

●倒産寸前から年商4倍、23年連続黒字、10年以上離職率ほぼゼロ

●「赤字は犯罪」&「黒字化は社員のモチベーションが10割」と断言

●学歴、国籍、性別、年齢不問！　ダイバーシティで女性管理職3割

●「2-6-2」の「下位20%」は宝！　70歳まで生涯雇用

……こんな会社が東京・西早稲田にあるのをご存じでしょうか。

『ありえないレベルで人を大切にしたら23年連続黒字になった仕組み』——目次

プロローグ

どんな会社も必ず再建できる！

第1章

23年連続黒字は社員のモチベーションが10割！

第4章 どん底から運をたぐり寄せるコツ

プロローグ

どんな会社も必ず再建できる！

人を大切にしながら利益を上げる会社

株式会社日本レーザーは、最先端の研究・産業用レーザーや光学機器などを輸入、販売するレーザー専門商社です（1968年4月設立）。

当社は、日本電子株式会社（電子顕微鏡のトップメーカー／東証一部）が、自社のレーザー開発のために100％出資で立ち上げた子会社でしたが、現在は独立。「55人の社員全員が株主」という、非常にめずらしい小さな会社です。

大学卒業後、私は、電子顕微鏡の技術者として、日本電子に入社しました。

入社後は、28歳という異例の若さで労働組合執行委員長に推《お》され、その後、米国法人総支配人、本社取締役などを経て、1994年、子会社である日本レーザーの社長（5代目）に就任しました。

ありがたいことに、日本レーザーは、第1回「日本でいちばん大切にしたい会社」大賞の「中小企業庁長官賞」を皮切りに、経済産業省の「ダイバーシティ経営企業100選」『おもてなし経営企業選』50社」「がんばる中小企業・小規模事業者300社」、厚生労働省「キャリア支援企業表彰2015」厚生労働大臣表彰、東京商工会議所の第10回「勇気ある経営大賞」、第3回「ホワイト企業大賞」など、たくさんの賞をいただきました。

また、マスコミに「人を大切にしながら利益を上げる会社」として取り上げられていることもあり、「東京・西早稲田にある本社を見せてほしい」といった問合せのほか、全国からたくさんの講演依頼をいただいています。

ですが、組織も、私自身も、ここまでの道のりは決して平坦ではありませんでした。まさに山あり谷あり。紆余曲折……。

専門商社というビジネスゆえ、どんなに自分たちが努力しても円高円安という為替変動に日々翻弄されますし、海外有力メーカーからある日突然、一方的な取引停止通告がきたりします。また、右腕の部下が独立し、今まで築いた商権を一度に持ち去られてしまうことも多々ありました。

そのほかにも、私の人生は、「どうして自分ばかりこんな目に遭うのか」という逆風の連続でした。

崖っぷちに立たされて、立ちすくんだ回数は、一度や二度ではすみません。

「7度」です。

苦難や逆境はないほうがいい。

辛い思いをしたいとは思わない。

ですが、何かに向かおうとするとき、私の前には必ず試練が待ち受けていたのです。

私が直面した「7度」の崖っぷち

1度目の崖っぷち

28歳で労組執行委員長に推され、29〜30歳で社員1000人のリストラに直面

日本電子に入社して4年目に、労働組合の執行委員長に推され、労使関係に携わることになりました。

入社当時、社内には労働組合が2つあって、その対立も過激さを増す中で、私が片方の執行委員長に担《かつ》がれたわけです。

いくつもの労働紛争を経験し、私は体を張って、夜を徹して、組合員と会社を守りました。

労使関係は安定したかに思えたのですが、オイルショックの影響で会社の業績が崩落。倒産を防ぐために、**「全社員の3分の1に当たる、1000人規模の希望退職」**を余儀なくされたのです。

退職する大半の組合員と面談したのが、私です。

退職者の多くは、40代、50代の働き盛りの人たち。犠牲になったのは、最も生活費のかかる中高年でした。

この悲劇を目の当たりにした私は、「労組が会社を守るために貢献しても、経営がしっかりしていなければ雇用は守れない」ことを痛感しました。

2度目の崖っぷち

28歳のとき、生後3日の双子が病死

28歳のとき、私は、「双子の男の子」の父親になりました。

ところが、血液型の不適合で重度の黄疸《おうだん》を発症し、生後3日で2人とも命を落としてしまったのです。

私は絶望しました。

深い悲しみに打ち震えました。

それでも、仕事をしなければなりません。

委員長1年目の私の前には、労使関係の課題が山積みでした。

喪失感を抱えながら、私は、労使関係の激しい戦いに身を投じるしかなかったのです。

その後、子宝に恵まれることはありませんでした。

3度目の崖っぷち

米国法人リストラ中に「二度の胃潰瘍」と「大腸ガン」に

執行委員長を11年間務めたあと、今度は、米国法人の副支配人として渡米します。

現地で私を待っていたのは、またしても、「リストラの言い渡し」でした。

ニュージャージー支社では、**全員解雇**という大手術を行いました。

ボストンの米国法人本社でも、20％の人員削減を断行しました。レイオフ（業績回復時の再雇用を条件に一時的に解雇すること）は、そのときが初めてでした。

退職面接をしたアメリカ人の男性社員は、「レイオフがないから日系企業に入社したのに……」と、泣きながら去って行きました。

また、駐在中にストレスと荒れた食生活が原因で体調を崩し、**二度の胃潰瘍**と、**大腸ガン**を経験。命の危機にもさらされたのです（現地でガンの手術を行い、現在は無事に完治）。

4度目の崖っぷち

帰国後、本社の国内営業担当として幹部のリストラに直面

渡米から9年後、1992年末に帰国した私は、93年に国内営業の立て直しに奔走します。

「4人の部長、次長クラスの営業幹部を地方の代理店に出向させ、給料も代理店に負担してもらう」という交渉を任されたのです。

「どうして御社の幹部を引き取らなければいけないのか」

といぶかる代理店の社長を何度も何度も何度も説得し、協力をお願いしました。

5度目の崖っぷち

瀕死の子会社「日本レーザー」への出向・再建指令

1994年、私は日本レーザーへの出向・再建を命じられました。

当時、日本レーザーは毎年赤字が続いていて、**「1億8000万円」の債務超過**になり、主力銀行からも見放されていました。

私が日本レーザーの再建を託されたのは、「英語がそこそこできる」「国際ビジネスに明るい」「労務管理が得意」「国内営業の経験がある」などが表面的な理由です。

しかし実際は、労働争議やリストラに直面し、自主再建の旗頭《はたがしら》で社内の求心力が高かった私を本社に置いておくのは、都合が悪かったのでしょう。

日本レーザーでは、私を含む歴代社長5人が、全員、親会社である日本電子の出身者です。

私が就任する前の26年間は、半分近くが赤字で無配。1993年には、

①「バブル崩壊によって顧客が減少」
②「業績悪化を外部環境のせいにして対応が遅れた」
③「歴代社長に、本社重視、子会社軽視という経営体質があった」

などの理由で深刻な経営危機を抱え、**倒産寸前**。まさに**存亡の危機**に直面しました。

その経営を立て直すために本社から派遣されたのが、私だったのです。

6度目の崖っぷち
社長就任直後に右腕の常務が部下と独立！ 人材と商権を同時喪失

社長就任直後に、信頼していたナンバー2の常務が、商権と優秀な部下を引き連れて独立する大事件が起こりました。

次期社長就任に意欲を示していた年長の常務は、私が社長になった以上、自分は社長にはなれないことに失望したのでしょう。

本来であれば、彼が社長になるはずでしたから、親会社から突如やってきた私のことが気にくわなかったのです。

私は、有能な人財（日本レーザーでは、自社の「人材」のことを「人財」と表記しますが、本書では通常どおり、以下「人材」と表記します）と有力商権とを同時に失う羽目になりました。**社長就任後の半年間は、いつ倒産してもおかしくないほど、ガタガタの状態**が続いたのです。

私がきたばかりの日本レーザーは、野放図でした。会社としての体《てい》をなしておらず、社内には、「**4つの不良**」がはびこっていました。

●日本レーザー4つの不良

①不良在庫

たくさん仕入れたほうが原価率は下がるため、何であれ、多めに在庫を抱えていました。その結果、多くが売れ残り、不良在庫となっていたのです。

就任当時、社内のいたるところに、レーザー機器や電源がゴロゴロ置いてあったので、私が「これは何？」と聞くと、社員は「在庫です」と答える。

「売り物なの？」と聞くと、「売り物です」と答える。

棚卸しをやったことがないので、在庫管理がなされていなかったのです。

②不良設備

事業の見通しを見誤り、設備も過剰に抱えていました。

③不良債権

担当営業部員は「売った」と言うものの、製品納入先からは、「いや、買っていない。預かっているだけだ。『使ってみてください』と言われたから置いているだけであって、代金を支払うつもりはない」と言われるケースが山ほどありました。

④不良人材

商権を持ち出して独立する社員。

顧客のもとに納めるべき機器を会社に置いたままにする社員。

酔った勢いで、気にくわなかった上司をなぐる社員。

実態のない虚偽の接待申告をする社員。

など、好き勝手に振る舞う社員がたくさんいました。

出金伝票もチェックされていなかったので、粉飾もまかりとおっていました。自分がほしかったパソコン代金を、お客様の原価に入れてしまう社員もいたほどです。

営業員にはタイムカードもなかったので、勝手にきて、勝手に帰ります。どこで何をしているのかもわかりません。


そこで私は、「在庫」「設備」「債権」「人材」という「4つの不良」を解消するために、**「社員のモチベーションを高める工夫」「粗利重視の経営」「人事制度・評価制度の見直し」「能**

力と努力と成果に応じた処遇体系の構築」などに注力。

結果、**就任1年目から黒字に転換し、2年目には累計赤字を一掃**できたのです。

7度目の崖っぷち
親会社から独立する際、銀行が「6億円」の個人保証を要求

赤字を一掃し、堅調に売上を伸ばし始めたとは言え、日本電子の子会社でいる以上、人事や事業展開上の制約が多く、柔軟に経営を行うことはできませんでした。

特に子会社のままでは、親会社からの出向者以外は社長には絶対なれませんし、役員になるにも壁があり、せっかく高まった社員のモチベーションが下がりかねません。

そこで私は、

「社員のモチベーションを高めるためにも、子会社から脱して独立するしかない」

「子会社でいる限り、親会社の利益が最優先になる」

と考えるようになりました。

そして、2007年、MEBO《エムイービーオー》（マネジメント・アンド・エンプロイー・バイアウト／

経営陣と従業員が一体となって行うM&A↓詳細は215ページ以降）によって、日本レーザーは親会社から完全に独立したのです。

MEBOは、経営陣だけでなく「社員も一緒になって」親会社から株式を買い取るという手法です。

ただし、ファンドは入れさせたくなかったので、「社員からの出資金」と銀行からの長期借入金（1億5000万円）だけで株式を買い取ることにしました。

ファンドを入れないMEBOで、パート出身者も、派遣社員も、定年後入社の嘱託社員も、新卒の新入社員も全員株主というのは、**日本では例がありません**。おそらく**世界初**でしょう。


独立に当たって、持株会社JLCホールディングスへの出資を社員に募ったところ、驚いたことに、社員枠の「4倍」の応募が集まりました。

この数字は、社員がいかに会社に期待をかけているか、そのあらわれだと思います（急遽、資本金を3000万円から5000万円にして再登記、それでも2・4倍が応募）。

100万円出資したいという社員には、50万円にしてもらうなど、希望の半分以下の株数を譲渡することにしました。

その結果、**「社員全員が株主」**という会社ができ上がったのです。

子会社の社員が親会社の保有株を買うケースは、**前代未聞**。

現在の株主構成は、日本電子が14・9％、私が14・9％、ほかの経営陣が38・2％、社員（アルバイト・パートは除く）が32・0％となっています。

ただ、ここからが大変でした。

銀行から借りた1億5０００万円を「毎年3０００万円ずつ5年間」にわたって返済しなければならなかったのです。そのために日本レーザーは、買収のために、新たにつくったＪＬＣホールディングスに対して、毎年、3０００万円返せるだけの配当をしないといけませんでした。

計算してみると、3０００万円の配当を出すには、**「8０００万円の経常利益」**を出す必要がありました。

前任4人の社長時代に経常利益が8０００万円を超えたことは一度もなく、私が社長になってからでも超えたことは、**たった「2回」**でした。

それなのに、**5年連続で8000万円の経常利益**を出さないといけないわけですから、非常に大きなリスクをともなっていたのです。

それだけではありません。

独立時点で、**「約6億円」**の運転資金を親会社が保証していました。買収にともない親会社は保証を引き上げましたので、銀行からは借入金に対しての**「個人保証」**を求められました。

会社が利益を出せなければ、私も**自己破産**です。

まさに、**崖っぷちに追い込まれての独立**でした。

家族にも内緒にしての勝負だったので、「もし失敗していたら……」と考えると、今でもゾッとします。

●MEBO後の社内の変化

・親会社がなくなったため、ピラミッド型の縦割り組織から、横割りのフラットな組織に変わった

●「お金」や「市場」にフォーカスした経営ではなく、「人」にフォーカスしながら利益を上げる経営に変わった

●「社員＝株主」なので、社員の中に業績に対する自覚、責任、当事者意識が芽生えた

確かに、MEBOの成功によって、日本レーザーの成長は加速しました。

ただ、ここで重要なのは、MEBOまでの**会社の風土づくり**にあります。

社員のモチベーションが最大に上がる風土があったからこそ、MEBOによってモチベーションがさらに加速したにすぎません。MEBOをやらないとモチベーションが上がらない、ということでは決してありません。

本書では、私が倒産寸前の1994年に社長に就任してからMEBOをする2007年まで、どんなことをして社員のモチベーションを上げてきたか。そして、それ以降から現在まで、どうやってモチベーションを継続しているかを詳しく紹介します。

どんな会社も悩みの源泉は「人」にありますから、業種を超えて、「社員のモチベーションを上げ続ける仕組み」がみなさんの参考になるかと思います。

90年代後半の金融破綻、リーマンショック、東日本大震災、アベノミクスによる急激な円安、消費税増税などの影響をもろに受けながら、それでも日本レーザーが、

「23年連続黒字」

「10年以上離職率ほぼゼロ」

を達成しているのは、社員が自己効力感（＝自分への期待や自信、モチベーション）を持って、仕事に取り組んでいるからにほかならないのです。

会社が伸びる「たったひとつの方法」

- **労組の執行委員長として、1000人規模のリストラ**
- **ニュージャージー支社の閉鎖、ボストンなどでの指名解雇**
- **1億8000万円の累積赤字を抱えた日本レーザーの再建**

など、私は逆風の中を歩き続けてきましたが、そのときどきの体験を糧《かて》にしてきた結果、わかったことがあります。それは、

「『人を大切にする経営』の実践こそ、会社を再建・成長させるたったひとつの方法である」

ということです。

人を大切にして、社員のモチベーションを上げない限り、会社を発展させることはできません。

つまり、**モチベーションが9割ではなく、10割**なのです！

非情な人員整理を経験した私は、

「会社は、**雇用を守るために存在**する」

「**雇用不安を解消**することが、社員のモチベーションの安定と向上に不可欠である」

ことが身にしみています。

瀕死の状態だった日本レーザーを短期間で立て直すことができたのは、社長の私自身が、

「雇用は絶対に守る」

と社員に宣言したうえで、

「頑張ったら、頑張った分だけ報われる仕組み」に変えたからなのです。

なぜ、リストラ、サービス残業、セクハラ、マタハラはなくならないのか？

「人を大切にする経営」を公言しているのは、何も、当社に限ったことではありません。『２０１６年版　中小企業白書』（経済産業省／中小企業庁調査室）によると、日本国内の中小企業数は、３８１万社となっています。この３８１万社の社長のほとんどが、「自分は社員を大切にしている」

と公言していると思います。

間違っても、「自分は人を大切にしていない。人を消耗品のようにこき使っている」とは言わないでしょう。

しかし現実には、リストラ、サービス残業、セクハラ、マタハラ（マタニティハラスメント）、偽装、ごまかし、不正経理、粉飾決算など、「人を大切にしない経営」がはびこっています。

「人を大切にしない経営」があとを絶たないのは、「背に腹は代えられない」という社長の思いがあるからでしょう。

建前として、「人を大切にしている」と言いながらも、内心では、「結局はお金だ。お金こそが企業の存在価値であり、存続条件だ」と考えている。だから、目の前のお金を得るために、人を犠牲にするのです。

「人を大切にする経営」に、「主語」と「目的語」を加えるとするなら、多くの社長は「自分（社長）」を主語にして考えています。

「社長が、社員を大切にする経営」

社長を主語とする限り、口では社員を大切にしているといっても、結果としては、「お金を優先した経営」にならざるをえない。こうした会社では、社員は「大切にされている」という**実感**を持てません。

しかし、主語を「社員」に置き換えると、

「**社員が**、会社から大切にされている経営」

「**社員が**、会社から大切にされているという**実感**が持てる経営」

となります。

小さな会社が生き残るために大切なのは、「経営環境の変化に、臨機応変に対応すること」です。

社員が「会社から大切にされている」という実感さえ持てれば、いかなるピンチに陥っても、モチベーションは下がりません。

経営環境が激変しても、「火事場のバカヂカラ」を発揮して、危機を乗り切ることができるのです。

亡くなった社員の子まで面倒を見る会社

第2章で詳しく紹介しますが、私は**「雇用を守る」ことこそ、会社が存在する最大の理由**だと思っています。

社員が、育児や介護、病気などで満足に働けない場合は、短時間労働や在宅勤務に切り替え、なんとしてでも雇用は守ります。

「雇用を守られる安心感があるからこそ、社員は一所懸命働くことができる」というのが、経営者としての私の哲学だからです。

今の日本では、2人にひとりがガンを患う時代です。

私も、47歳のとき、大腸ガンを経験しました。

新たにガンになる人の4割は仕事をしていますが、そのうちの4割は会社を辞めざるをえない状況に陥っています。

日本レーザーの中には、腎臓が両方ともない社員や、ガンと闘う社員もいます。

これまでにガンを患った社員は4人。残念ながら、そのうち3人は亡くなりましたが、病気を理由に肩をたたくことはありませんでした。

この4人には、闘病中も在宅勤務など、働きやすいスタイルで仕事を続けてもらいました。

病状が進行し、働けなくなったときも、欠勤扱いにはしません。雇用が守られているからこそ、治療に専念できるからです。

実際には仕事をしていなくても、「仕事をしている」とみなして、給料や賞与を通常どおり払い続けたのです。

当社の社員だった方倩《ほうけん》は、中国出身の女性です。

彼女は非常に早い段階で幹部になり、次長として将来を嘱望される人材でした（2012年に夫と息子とともに帰化）。

私やほかの社員と一緒に中国へ出張し、蘇州でご両親とも会食したのですが、帰国直後に膵臓ガンが見つかり、余命2か月の宣告を受けてしまいます。

すぐに在宅勤務に切り替え、「療養することがあなたの仕事だ」と伝え、欠勤にはせず給料を払い続けました。

しかし、とても残念なことに、方は宣告されたどおりに、2か月間の闘病後、2016

年、42歳の若さで亡くなりました。

彼女には、8歳の息子（Yくん）がいるのですが、現在、大阪支店では、週に一度、Yくんを預かっています。

学校が終わってから父親が迎えにくるまでの間、Yくんは、母親が使っていたデスクに座って自習をしています。社員が算数を教えることもあります。

病気で働けなくなった社員に給料を支払っているのも、亡くなった社員の子の面倒を見続けているのも、日本レーザーが、

「社員を主語にする会社」＝「人を大切にする会社」


だからです。

社員の中に、「何があっても、どんな状況に陥っても、この会社は自分と家族を守ってくれる」という実感があるからこそ、安心して力を発揮できる。私はそう思っています。

「強くてやさしい会社」が社員のモチベーションを引き出す

アメリカのハードボイルド作家、レイモンド・チャンドラーの小説『プレイバック』の

中で、私立探偵フィリップ・マーロウは、

「強く（タフで）なければ生きていけない。やさしくなければ生きていく資格がない」

というニュアンスの言葉を残しています。

フィリップ・マーロウのセリフを、私は「経営」に当てはめ、次のように言い換えています。

「企業は強くなければ存続できない。

しかし、人にやさしい経営をしなければ企業としての価値がない」

強さ（黒字にして利益を上げ続ける）とやさしさ（人を大切にする）を両立するのは大変なことですが、それを成し遂げるのが社長の責務です。

なぜなら、**「強くてやさしい会社」が、社員のモチベーションを引き出す**からです。

中小企業は多くの問題を抱え、人手不足や低い生産性に苦慮しています。

国の政策による支援ももちろん必要ですが、企業の存続は、「自助努力」が原則です。

「業績がよくなれば、社員を大切にする経営ができる」と考えている社長もいますが、私は、**「順番が逆」**だと思います。

会社を再建するのも、発展させるのも、新規事業に取り組むのも、需要を拡大するのも、すべて、**社員のやる気、モチベーション**です。

社員の中に「会社に大切にされている」という実感があれば、会社が苦境に直面しても、当事者意識を持ち、一丸となって乗り越えることができます。

「人を大切にした経営を実践し、社員のモチベーション」を上げることができれば、**どんな会社でも、必ず再建、成長できる**と確信しています。

本書が、組織に関わる方やその家族のみなさんの一助になれば、これほどうれしいことはありません。

第1章

23年連続黒字は社員のモチベーションが10割！

社長の決意が「会社」を変える
社長の本気が「社員」を変える

なぜ、主力銀行からも見放されたのか？

会社を変えるのは、**社長の決意**です。

社長の心が変わったとき、会社も変わります。

日本レーザーが万年赤字から脱却できたのは、社長の私が「本気」になり、不退転の気概を示したからです。

日本レーザーは、バブル崩壊後、事務所開設などの過大投資によって、経営が大きく傾いていました。

コストがかさんで債務超過になり、主力銀行からも見放され、経営破綻処理の圧力がかかったほどです（1993年当時の累積債務は、約1億8000万円）。

この問題を解決し、日本レーザーの再建を託されたのが、私です。

1994年に、日本電子の役員をしながら、日本レーザーの代表取締役社長に就任しました。

当時の私は、役員の中では最年少の50歳。労働組合執行委員長を11年間務めたリーダーシップと、海外生活で培われた海外人脈や語学力、国内市場も経験した営業実績などが多少評価されたのかもしれません。

それまでの26年間は、親会社から派遣された4人の社長が経営していました。

創業社長は、日本電子の開発担当常務を兼任していた水間正一郎氏で、かつては海軍島田実験所所長の超大物でした。

2代目は、主力銀行から日本電子専務を経て、創業社長の急逝後、日本レーザー社長に就任しました（3代目社長のときに会長に就任）。

3代目は、日本電子のレーザー技術者で、1983年に合併した企業出身でした。

4代目は、日本電子の海外駐在経験者で、営業担当常務から、3代目社長が親会社との合弁会社に転出後就任しました。

このときの会長は、主力銀行から親会社にきて専務を務めたあとに就任した人物でしたが、この当社2人目の会長を前にして、社員のひとりがこう言ったことがあります。

「会長はいいよな、毎日会社にきて、日経を読んでいるだけで給料がもらえるんだから」

経営不振になると、社員のモラルも下がっていました。この4代目社長と2代目会長コンビが会社を大きく傾かせました。

5年間のうち赤字が3回、無配が3回。債務超過に陥り、**日本電子が保証しても新規融資はストップすると、主力銀行から見放されてしまった**のです。

想定外の事態にどう対応するか

一方、5代目の私は、社員の行動も、出金伝票も細かく管理しました。

銀行からの借入れができず、本社からの貸付（1億円）で当面の資金を手当てしながら再建に臨むわけですから、お飾りでいいわけがありません。

社員教育、幹部会、全社会議、社内報によるデータ公開、粗利管理など、経営の仕組みを変え、コスト削減を進めた結果、日本レーザーの経営は回復していきました。

しかし、経営が回復していく中にあっても、**私に対する社員の不信感は根強かった**と思います。

親会社の役員のまま日本レーザーの社長を兼務していたことで、社員にさまざまな疑心暗鬼を生じさせていたのです。

「近藤のキャリアアップのために、ギュウギュウに締めつけられるのではないか」

「一時的でも業績が回復すれば、いずれ親会社に戻ってしまうのではないか」

「親会社だって大変なのに、子会社の社員をいちばんに考えることはありえないのではないか」

さらに、想定外の事態にも見舞われました。

生え抜きの常務が私に反発。海外の有力商権（売上の上位を占めていた重要な取引先）であるP社と裏で通じ、**独立**してしまったのです。彼は、

「今度、日本電子から近藤というやり手が赴任してきた。彼が社長になったのは、P社の製品をマネして自社で製品化しようという狙いがあるからだ。日本レーザーは、あなた方のライバルになろうとしている」

と偽った。そして、

「この際、日本レーザーをターミネーションして（取引をやめて）、日本法人を立ち上げたらどうだろうか。その会社の社長に私を採用してほしい」

と持ちかけたのです。

こうした逆風にさらされながら、それでも着々と合理化を進め、新規の販売先を開拓し、1期目を「**約2000万円の黒字**」で終えることができました。

さらに、翌期も黒字を達成し、累積赤字を一掃したのです（1997年には、不良債権や不良在庫を整理し、バランスシートも改善）。

累積赤字を一掃したとき、日本電子から人事担当だった専務が訪ねてきました。

専務は私に、こう言って労《ねぎら》ってくれました。

「近藤くん、キミは賭けに勝ったね」

「債務超過の子会社を再建する」という仕事は、親会社にとっても「賭け」だったのです。

会社が黒字転換しても、社員の不満が消えなかった理由

もともと私は、日本レーザーに骨を埋めるつもりはありませんでした。

親会社から、「キミは最年少役員だし、アメリカで経営再建の経験があるし、日本電子本体の再建もやったことがある。労務の経験もあって、英語もできる。キミしかいないから行ってくれ」と言われたから行くのであって、「再建が終われば本社に戻る」のが既定路線だと考えていたからです。

再建がすめば、その実績を手土産にして親会社に戻るつもりでした。

1年目に会社が黒字になっても社員の反発が続いたのは、そんな私の気持ちが透けて見えていたからでしょう。

肝心の社長が「腰かけ」のつもりでいれば、会社が立ち直るはずはありません。いざと

いうときに戻る場所があっては、社員はついてきません。

ある日、社員同士のこんな会話が聞こえました。

「なんか、バカバカしいよなぁ。オレたちは、近藤さんの実績づくりのために利用されているようなもんだし。近藤さんはウチを再建したら、それを勲章にして、どうせ本社に戻るんだろ？」

「戻ったら、本社の社長の有力候補か。近藤さんは運がいいよなぁ」

確かに、彼らにしてみれば、バカバカしい。私が本社の役員を兼務している以上、社員のモチベーションも、ロイヤリティも上がらない。私自身の日本電子での将来と、目の前の日本レーザー再建との板挟みで、私自身も心の葛藤がありました。

そして私は、再建2年目に、3期6年務めた日本電子の取締役を退任することを決め、**背水の陣を敷いて日本レーザーに専任**することにしたのです。

「私は、日本レーザーという船の船長として、社員のみんなとともに航海に出る。船員を置いて、途中で下船することは決してない」

「必ず全従業員の雇用を守る。だから、会社を立て直すために協力してほしい。もし、私の方針に賛同できなければ辞めてもらってもかまわない。けれど、自分が社長である限り、絶対に解雇はしない」

この私の決意が、社内を変えました。くすぶっていた社内の空気が変わり、再建は加速度的に進み、２年で復配にこぎつけることができたのです。

会社は、社長の「決意」によってつくられます。

だから「他人事」ではいけない。社長は、「本気」の度合を周囲に見せる必要があります。

社長の本気が、社員を本気にする。

そして、**社員の本気が会社を立て直す**のです。

お金をかけずに、社員のモチベーションを高める「2つ」の方法

トラブルなどの悪い報告ほど、笑顔で聞く

会社を再建するのに最も必要なのは、**社員のモチベーション**です。**モチベーションが10割**です！

社長が細かい実務までできるわけはありませんから、実際には社員にやってもらうことになります。

ということは、それぞれの社員がレベルアップして成長しないことには、会社も成長しません。

よく「中小企業は、社長の器以上に成長しない」と言われますが、私が強調したいのは、「**社員の成長がなければ、会社は成長しない**」

「社員のモチベーションさえ上がれば、会社も自然と大きくなる」

ということです。では、どうすれば社員のモチベーションは上がるのでしょうか。

お金も、時間もかけず、社員のモチベーションを高める方法が「2つ」あります。

それは、**「社長の笑顔」**と**「社長の声がけ」**です。

◉社長の笑顔

私は、「笑顔ほど、人の心を開かせるものはない」と思っていて、40年以上前から心に決めていることがあります。

「よい報告は笑顔で聞く。トラブルなどの悪い報告は、もっと笑顔で聞く」


私がこう思うようになったのは、日本電子時代の、ある出来事がきっかけです。

私が現場の問題を社長に進言したところ、露骨に「嫌な顔」をされたことがありました。アメリカから戻った私が社長に、「こういう問題がある」と言ったところ、社長は、「わかった。もういい」というひと言だけ。私がもう一度社長室に出向いて同じ報告をすると、「近藤くん、キミもしつこいね。わが社は技術がすぐれた会社なのだから、営業は、技術がつくったものだけを海外に売ればいいんだ。もうくるな！」

と一蹴されてしまったのです。

私は「会社の危機だ」と痛感しました。社長自身が、会社が変わる（よくなる）機会をみすみす逃していたからです。

トップがこんな顔をするようでは、社員は報告をやめ、問題を隠そうとする。社長が社員からの提案を拒む限り、会社は改善されません。

このとき私は、「自分が社長になったら、**いい話だけでなく、悪い話でも笑顔で聞こう**」と決めました。

私は「笑顔は、社長の仕事」であり、「**笑顔は、社長の能力**」だととらえています。

社長がしかめっ面をしていたら、それを見た社員は、「話しかけてくるな」「近寄るな」という情報として受け取ります。社員は萎縮し、茶坊主となって、「社長にとって都合のいいこと」しか報告しないでしょう。

反対に、**社長の笑顔は、「いつでも話しかけていいよ」「怖くないよ」という情報と同じで、社内の空気を明るく**します。

社員に笑顔を見せて、会社の空気を明るく、楽しく、やさしくするのも、社長の大切な仕事なのです。

日本レーザーでは、半期ごとに社員面接を行っていますが、社長にとって「カチン」とくる批判を社員から浴びせられることもある。そんなときこそ私は、「よく言ってくれたね、ありがとう」と笑顔で接しています。

管理部・総務課長の野中美由紀は、私に対してこんな印象を持っているそうです。

「何があっても、いつも笑顔で、絶対に声を荒げない人」

日本レーザーでは、すでに8人にのぼる海外学生のインターンシップを受け入れています。

あるとき、受け入れ事務局の女性社員2名が、上司にも社長にも相談なしで、全社員を対象に「インターンシップに関するアンケート」を取ったことがありました。

彼女たちは本来、購買グループの社員でした。しかし私が、受け入れ事務局を兼務させた。そのことに対して不満が募っていたのです。

アンケート結果は、「ＪＬＣニュース」という社内報に掲載されました。結論としては、こうです。

「これまで、インターンシップの受け入れを3年やってきたが、成果があまり出ていないようだ。このプログラムに対し、経営陣の中にも、それほど関心を持っていない人もいる。今後も会社が海外学生のインターンシップを進めるのであれば、我々社員ではなく、経営陣が責任を持って管理すべきである」

要するに、「事務局（社員）にかかる負担が大きいので、これからは経営者が自分たちで勝手にやってくれ」という私に対する批判です。

私は、この批判をニコニコしながら笑顔で受け入れ、次のように答えました。

「ＪＬＣニュースを読んだけど、なかなかいいことが書いてあったね。私も、『事務局にかかる負担が大きい』ということは知らなかった。どうするか考えるよ。どうもありがとう」

そして、全社会議の場で、

「このプログラムは労力のいるプログラムだ。それなのに、会社が十分なケアをしないまま2人に任せてしまったことは、社長としても役員会としても反省している」

と伝えました。

それを聞いた2人は安心し、それ以上、不満を口にすることはありませんでした。

笑顔は性格ではなく「能力」

相手に好印象を与える「笑顔の能力」は、もちろん社員にも必要です。

日本レーザーでは、「対人対応力（態度能力）」について手当を出しています。

そして、「対人対応力」の大きな要素が笑顔です。

新入社員は最低ランクの月額4000円で、そこから、笑顔、返事、挨拶、姿勢などを評価して、**最高で月額2万円**を支給しています。

笑顔は、性格ではなく「能力」です。

明るさや快活さを生来の性格と位置づけると、何も変わりません。しかし、能力として位置づければ、鍛えることも磨くこともできます。

私は、30歳のときから笑顔のトレーニングをしています。「名刺をくちびるで挟み、床と水平になるように状態をキープする」という方法。こうすれば口角（唇の両端）が上がり、笑顔を保てます。

欧米の企業は、M&Aや転職が激しくて、何が起きてもおかしくありません。それなのに彼らは、いつも笑顔です。仏頂面はしていない。

だから私たちも、同じテンションで接しないといけません。

システム機器部の鶴田逸人《はやと》（執行役員）は、「欧米人と接するときには、日本人のままではいられない」と実感し、私と同じように笑顔の練習をしています。

それに、笑顔を欠かさないでいると、心も前向きになる。何が起きてもうろたえることがなく、「心配してもしょうがないし、なるようになるだろう」と思えるようになります。

社長の「なにげない声がけ」が社員を動かす

◉社長の声がけ

アメリカに赴任中、「米国的経営」に触れた私は、個人主義の限界を感じました。役員は個室にこもりっぱなしで、横断的な情報交換をできる場がなかったのです。営業部、開発部、サービス部といった部署間での連携が行われず、協力関係が築けませんでした。このような状態では、会社がピンチのときに力を発揮することはできません。経営者と社員、あるいは社員同士の風通しがよくなければ、会社は変わらないのです。

日本レーザーは、多様な社員を公正に評価するために、毎年、社員の声を聞きながら、就業規則（人事・処遇制度）の見直しを行っています。

ですが、制度や仕組みはハードでしかありません。社員のやる気を促すために、最も大切なのは、**「社長と社員の個人的なハイタッチ」**です。

私は、社内にいる限り、社員との「さりげない会話」「なにげない対話」を心がけています。意識して社内を回り、社員に話しかけると、職場の意思疎通や雰囲気が活性化されます。

単に「元気？」と挨拶するよりも、「あの仕事は進んだ？」「『今週の気づき』（↓62ページ）に書いてあった内容はよかったよ」など、仕事に関する声がけをすると、「あなたの役割はわかっている」という意思表示になります。

このような**コミュニケーション自体が社員教育**です。

私は、「日常のさりげない会話が社員の成長を促す」と考えているため、「まじめな私語」や「仕事の雑談」も推奨しています。

日本レーザーに、社長室はありません。オフィスは大部屋主義です。仕切りのないワンフロアに、すべての部署が集まっています。社長も社員と同じフロアで執務をしているので、社員の側からも、私に気軽に声をかけることができます。

また、

- **「社員の誕生日には、直筆のカードと商品カタログを贈る」**
- **「社員旅行、忘年会、周年パーティを開催し、パートやビルの清掃員まで招待する」（大阪、名古屋支店の社員の交通費や宿泊費は会社負担）**

など、コミュニケーションの場を極力増やしています。

5年前には、本社ビルの一部を改装し、ラウンジをつくりました。このラウンジで、社員と懇談をしたり、終業後にお酒を飲んだりすることもあります。

社内の冷蔵庫には缶ビールが常備されていて、「ひとり飲み禁止」「飲んだあとは仕事に戻らない」というルールを守れば、自由に飲んでもいいことになっています。

名古屋支店や大阪支店の社員とは、年に数回しか会うことができないため、テレビ会議システムを使って、毎週の全社朝礼など積極的にコミュニケーションを取っています。

大阪支店の西本俊行は、「支店にいるのに、社長を身近に感じる」と話しています。

「近藤社長は、本当に社員のことをよく見ていますね。『あの社員は、こういう考えを持っていて、こういう特性があるから、こういった仕事をさせたらいいのではないか』ということを誰よりも理解しています」（西本）

「今週の気づき」と「今週の頑張り」で5万5000通の社員メールと向き合う

──「今週の気づき」は、自分が成長するための決意表明

社員のモチベーションを高めるためには、社長（あるいは上司）が、個々の社員と向き合う必要があります。

そこで、2007年から、**「今週の気づき」**という仕組みを取り入れています。

人が「気づき」を得るのは、多くは「トラブルに見舞われたとき」です。

したがって、「今週の気づき」では、**「どのようなトラブルがあったのか」「そのトラブルに対し、どう対処していくのか」**を全社員が報告します。

●今週の気づき

全社員が毎週末（原則金曜夜）までに、「その週に自分が気づいたこと」について、自分の上司・担当役員にメールで報告をする（ほかの役員や同僚にもCCで同報）。

業務上のトラブルだけではなく、日常生活での失敗、ミス、病気、ケガ、不快な出来事など、内容は何でもかまわない。

「今週の気づき」を受け取った上司・担当役員は、必ず返信し、フィードバックする。

「今週の気づき」の成果は、おもに**「4つ」**あります。

成果① 社員の成長を促す

「今週の気づき」は、「どのようにトラブルを受け止めたか」「今後の成長にどのように活かすか」を考える思考ツールです。

「気づいたことを文章化する」「上司からのフィードバック（他人の意見）に耳を傾ける」といった作業が成長の糧になります。

「お腹を壊した」「二日酔いになった」など、内容は何でもいいのですが、**「単なる業務報**

告はダメ」というルールを設けています。

「今週の気づき」は、自分が経験したり、見聞きしたりした出来事に対して、評論的にコメントするのではなく、**自分の「決意」を表明**するものです。「そうしたいと思います」と感想を記したものについては、「したい」ではなく、「**そうします**」と書き改めるように指示します。

×「年度末までに、1億円の受注を獲得したいと思います」

◯「年度末までに、1億円の受注を獲得**します**」

◎「年度末までに、1億円の受注を獲得**しました**」

「そうします」よりもさらに成長につながるのは、「**なりました**」**と過去形**で書くことです。

事実、過去形で書くことで、「達成するまでのプロセス」をイメージしやすくなるため、実現の可能性が非常に高くなります。

成果②　社内のコミュニケーションが円滑になる

当社のような社員55人程度の企業でも、全社員の業務上のトラブルや家族の現状を知ることは結構難しい。

でも、「今週の気づき」を読めば、「社員がどのような日常を送っていて、どんなことを考えているのか」を把握できます。こうした情報は、社員とのさりげない会話に役立てられます。

社員に笑顔を見せて、会社の空気を明るく楽しくやさしくするのも、社長の大切な仕事。上司がメールに書かれてあった話題を持ち出すことで、部下とのコミュニケーションを円滑にできます。

成果③　次期経営者を見極める手段になる

社員のメールとそれに対する上司・役員の返信は、社長の私にもＣＣで同報するルールなので、毎週１００〜１２５通ものメールが私にも送られてきます。

私はすべてのメールに目を通していますが、「部下にどのような返信をしたか」によって、役員の視点がわかります。

経営者（次期経営者）には、次の3つの能力が必要です。

●**「経営力／英語力」**

●**「担当事業での実績」**

●**「誰もがついていきたいと思うような人徳」**

部下への返信の内容を見ていると、「社員とどれだけ真剣に向き合っているか」がわかるので、役員の「人徳」がわかります。したがって、どの役員が部下から信頼されているのかを見極めることができるのです。

成果④ 企業理念や経営方針が浸透する

「今週の気づき」を開始して3年間は、私が土日のほとんどを費やして、すべてのメールに返信をしていました。

現在は、業務が多忙になったこともあって役員が返信していますが、経営理念や経営方針に関わる内容については、社長からも対応するようにしています（全社員に同報）。

そうすることで、「社長が大切に思っていること」が伝わり、会社の理念が浸透するのです。

「今週の気づき」では、どんなやりとりをしているのか？

では、社員はどんなメールを送ってくるのか、そして上司はどんな返信をしているのでしょうか。

馬場洋樹（部下）↓諸橋　彰（上司）
諸橋執行役員（CCでほかの役員・同僚へ）

前週に引き続き、１週間のうち４日は外出していました。営業としては特に多いわけではありませんが、去年の自分と比較すると明らかに増えています。そしてメールや電話対応も遅れがちで催促されることがありました。
まわりを見れば、返信が驚くほど速い営業員が多くいるのは事実ですので、考え方を変えていかなければいけません。クイックレスポンスを心がけます。
レーザー＆フォトニクス２部・馬場洋樹
（↓馬場は大手メーカーから当社に転職、２０１７年から営業課長職）

馬場課長（上司の返信）

技術から営業に配転し、日々気づきが多いようですね。

営業は外に出ることも多いですが、お客様は待ってくれません。外向きの姿勢（大胆さ）と内向きの姿勢（緻密さ）の両方を兼ね備えておかなくてはなりません。

いまだに私も勉強中の身ですが、周囲のお手本から見習って、丁寧ながらも素早い対応を心がけてください。ちなみに、完全な回答でなくても、一文を取り急ぎ返信するだけでも、プレッシャーからはある程度解放されます。

諸橋　彰

長野麻由美（部下）→別府雅道（上司）
別府管理部長（CCでほかの役員）

佐々木執行役員の指摘により、「0社の見積には8日以内の支払いで2％引となる」旨の記載があることを知りました。佐々木さんより「年間30万円ほどの仕入が発生していて、総額ではまとまった金額となり会社の利益に貢献するため、今回一度試してみて問題がなければ全社的に展開していくとよいのでは」とのアドバイスをいただきました。

経理は利益を生む部門ではないため、事務処理のスピード化等で少しでもアドバンテージが生じるなら、積極的に対応していきます。また、書類の隅々まで確認する慎重さと手間を惜しまず、率先垂範する佐々木さんの行動力を手本にしていきます。

経理課・長野麻由美

（→長野は派遣で経理担当でしたが、正社員をオファーしたところＴＯＥＩＣ®テスト〈以下、ＴＯＥＩＣ〉のスコアも７００点超だったので課長に抜擢。積極的に経営を考えて仕事をするように変化）

長野経理課長（上司の返信）

現在、日本の預金金利はほぼゼロに近い状態ですので、受取利息割引料のほうが有利になるケースが（特に海外サプライヤーの場合）多く考えられます。今後も同様のケースがあれば、その都度検討していきましょう。日本レーザーで会員となっている銀行の無料経営相談サービスを効率的に活用しているのはさすがです。今後ともよろしくお願いします。

別府雅道

この制度を始めて、すでに**5万5000通のメール**（気づき）が私のパソコンに保存されています。これは、**社員の成長記録の宝物**です。

「今週の頑張り」は、社員の承認欲求を満たす施策

2016年の秋からは「今週の気づき」に加え、**「今週の頑張り」**を報告してもらうことにしました。

全社員が毎週末（原則金曜夜）までに、「その週に自分が頑張ったこと」について、自分の上司と担当役員にメールで報告をします（ほかの役員や同僚にもCCで同報）。

「今週の気づき」は、決意表明なので「やったかどうか」「やるかどうか」もわかりません。しかし、「今週の頑張り」は、**「実際に自分が経験したこと」**をアピールします。

「今週の気づき」が**「未来への決意」**だとすれば、「今週の頑張り」は**「過去の振り返り」**です。

「今週の気づき」と「今週の頑張り」を**セット**にしたことで、**「過去と未来を同時に整理**

できる」ようになりました。

「風邪をひいた妻の代わりに、子どものお弁当をつくった」でも、「営業担当が全員出払っていたので、事務員の私が見積りをつくった」でもかまいません。

人には、「自分の行為や存在を他者に認めてもらいたい」といった承認欲求があります。「今週の頑張り」をメールすれば、自分の行為を認めてもらうことができるので、承認欲求が満たされます。ほめられれば、人はうれしい。そして、「もっと頑張ろう」というやる気や、「自分も誰かの役に立っている」という喜びを心から感じることができるのです。

「今週の頑張り」にはこんなことを書く

●佐々木淳

1週間の米国でのフォトニクスウェスト展から帰国。すぐに会社に寄り事務処理。そして翌朝からフランスに10日間の出張へ（時差もあり、すさまじいスケジュールです。私も40代はボストン・東京間をよく往復しましたが、体力がないとできません。41歳、若い執行役員のおかげです）。

●河野俊一

名古屋出張中に、M社からある認証の立会い依頼がありました。「明日、すぐにきてほしい」と相変わらずの無茶ぶりだったので、「こちらから出せる人がいない」といったんは断りましたが、仁司さんと相談し、私が行くことにしました。

無理な予定を入れると、ほかの仕事ができません。役割分担を決めないと、ユーザーに迷惑がかかるので、早急に問題点を整理します。

●乙黒《おとぐろ》　能《あたう》

エクセルとウェブページで1件ずつ相互に検索して確認する作業を、ファイルメーカーのファイルとして一括検索できるように改善。これにより1件の検索時間を30分の1以下へ短縮。また、複数の一括検索ができるので、件数が増えるほど、作業時間は大幅に短縮されるようになりました。

●井伊隆志

この2週間で数件のお客様を修理訪問した際に、消耗部品の状況確認・説明をしたり、未稼働の古い装置の相談を受けたりしたところ、さっそくお客様から見積り依頼をいただきました。会社全体からすれば、それらの価格は微々たるものかもしれませんが、技術にとっては貴重な収入源です。

●桑原美恵子

私事ですが、母の介護、孫の子守りを頑張りました。
営業事務員ですが、H社からパワーメーター関係で、2件の受注を取りました。

●森田伊織

週末、TOEICを受けてきました。リーディングの問題を解く順番を変えてみたのですが、時間ギリギリではあったものの、以前より余裕を持って解答できた気がします。とはいえ、前回は、手ごたえを感じたリーディングのほうがとても低かったので、結果がくるまではわかりません。リスニングと同じくらいの点数を取れるように今後も頑張ります。

会議は「社員教育」の場であり社長の「広報宣伝活動」の場

会社の成長は、社員の成長によって決まる

会社は、「社員が仕事を通じて**成長**する場」であり、会社の成長は社員の成長によって決まります。

だから社長は、「社員教育」を徹底して、社員の成長を促す必要があります。

「社員教育は、社長自身が時間を割いて行うもの」なので、絶対に丸投げしてはいけません。

なぜなら、「こういう会社にしたい」「こういう社員になってほしい」という「社長の思い」を浸透させることが、社員教育の本質だからです。

社員の成長意欲を引き出すには、社長の熱意が重要です。「事業を興した思い」「引き継

いだ思い」をしっかり伝えれば、社員もついてきます。

社内でできる教育、できない教育

社員教育は、大きく

①「会社の中で、仕事を通して行う教育」（お金をかけない教育）
②「社外で受ける教育」（お金をかける教育）

の2つに分けられます。

①「会社の中で、仕事を通して行う教育」（お金をかけない教育）

……「社長塾」（↓76ページ）、「全社会議」（↓80ページ）、「今週の気づき」（↓62ページ）など

②「社外で受ける教育」（お金をかける教育）

……「自己革新研修」「経営者大学」「マインド・アクション研修」など、社外の研修機

関を使った教育、海外出張

「社長塾」を開催し、社長の思いを浸透させる

日本レーザーでは、ＯＪＴ（日常業務を通じた従業員教育）や業務スキルに関する研修を活発に行っていますが、「会社の中で、仕事を通して行う教育」として、私がいち早く手がけたのが、私自身が講師を行う「社長塾」です。

●**社長塾**

……1期3か月～半年として運営。**週1回、始業の午前8時半から9時半**に開催。社長の思いやビジネスノウハウ、英語でのビジネスの進め方を指導する。

社長塾の定員は、**原則5名**です。

テーマにより、希望者を募る場合と、指名する場合があります（受けてほしい社員に、社長や上司が参加を促す）。

当社ではテレビ会議システムを導入しているので、支店の社員も参加できます。参加者には、私の講義を10回受けてもらいます。

最初に、「私はどういう思いで会社を経営しているのか」「社員には、どうあってほしいのか」を伝えて、企業理念の統一と浸透を図ります。

あえて社員を「えこひいき」することも

テーマはその都度異なりますが、ある期のテーマは、「ビジネスと英語」。

英字新聞の記事などを教材にして、ビジネスに関する時事問題について議論したことがありました。実際にあったビジネスの事例、たとえば、「日本航空が経営破綻したあとに、会社は、客室乗務員組合とパイロットの組合員を大量に解雇した。組合側は不服として最高裁まで争ったものの、会社側が勝った」といった英文記事を取り上げると、「英語の勉強ができる」と同時に、「今の解雇しにくい日本でも、事業整備にともなう整理解雇は認められている」といった労使関係のあり方を学べます。

ときには、あえて特定の社員をえこひいきして教育することもあります。

システム機器部の白井豪は、業界のある企業でインターンシップをしたことがあります。そして、この企業のトップから推薦があり、当社への内定が決まりました。

採用条件は、翌年3月までにＴＯＥＩＣで５００点以上を獲得することです。

しかし、達成できず、半年間の「嘱託雇用契約」で採用しました。

この間に５００点取れれば、正社員として採用する契約です。

ところが、半年たっても未達成で、再度、嘱託雇用契約、さらに半年後、３回目の契約となったところで、社長塾の「特待生」にして、私自身が５００点を目指す英語教育をしました。

社長直々に毎週しごかれるため、さすがに本人も真剣になり、やっとの思いで達成して見事「正社員」になりました。

契約違反ですから内定を取り消してもいいのですが、**雇用と社員の成長が理念**の当社としては、こうしたことも「大あり」なのです。

会議も教育の場

会議の目的は、「ディスカッションをして結論を出す」「情報を共有する」こと以外にもあります。**「社員を成長させる」**ことです。

私が社長になる前は非常にずさんで、会議は一切行われていませんでした。でも私は、「会議も教育の場」だと位置づけ、会議時間は短くとも効率的に行っています。

日本レーザーでは、毎週月曜に、全社員を対象とした「全社会議」を行っています。30分ほどの短い会議ですが、私が「今週のポイント」として報告事項を伝えるほか、社員にも発言の機会を与え、プレゼン力が上がるようにしています。

大企業では、組織を簡素化しようとしていますが、**私は逆**です。

私は、部長・課長という名称の幹部をどんどん増やして会議に出席させています。現在、**正社員の「3分の1」は幹部**になっています。幹部を増やしているのは、「経営に参画している」という当事者意識を持つとモチベーションアップにつながるからです。

●全社会議

……テレビ会議システムを使い、東京本社、大阪支店、名古屋支店、同時に開催する。経営状況、経営方針、月次決算説明、海外出張報告、社外研修の終了報告、プレゼンの訓練を行う。

海外出張から戻った社員や、社外研修を受講した社員には、内容を報告してもらいます（海外出張の報告は英語でスピーチするのが決まり）。また、女性の経理課長に毎月の月次決算と経営状況を説明してもらっています。

毎週の全社会議は1回約30分ですが、月に一度は、1時間半〜2時間かけて、経営概要や経営方針を徹底して伝えます。

「全社会議」のほかに、

●**幹部会議**…………課長格社員以上で自部門や全社の課題について論議する会議

●**グループ会議**……幹部会議で上がった課題を現場に落とし込むと同時に、現場の声を吸い上げる会議

●**経営推進会議**……グループ会議で出た意見を考慮しながら、部長以上で意思決定を行う会議

などを行っていますが、会議の前後には必ず「クレド」（↓116ページ）を英語で唱和します。

会議にはファシリテーター（司会者）がいて、ファシリテーターが、「今日はクレドの3番『Our Operational Principles』をやります」と言って、「As employees grow, the company grows.」と言うと、ほかの社員が「As employees grow, the company grows.」と唱和します。

クレドには、当社の使命、経営理念、行動規範、望ましい社員や幹部像、社長の役割などが明記されていますから、会議のたびに唱和することで、理念の浸透を図ることができます。

会議は、社長の「広報宣伝活動」でもある

20年ほど前に、ある社員から「近藤社長は、いつも同じ話ばかりしている」と言われた

ことがあります。

あえて同じ話ばかりするのは、理念を浸透させるためです。

「組織の強さは、リーダーの広報宣伝力によって決まる」――このことを私は、日本電子の労組執行委員長時代に実感しました。

私は、1000人以上の組合員の前で話をしたことが何度もありますが、組合員の足並みをそろえ、組織を強くするためにその都度同じ話を繰り返しました。

組合の考えを訴えて、「ブレてはいけないものは何か」を徹底するためには、リーダーの広報宣伝活動がとても大切だったのです。

非常時にこそ、その会社の本当の強さが発揮されます。そして、その強さは、現場に浸透している経営理念や社長の思いから生まれます。

つまり、**会議は社員に社長の考えを知ってもらうための「広報宣伝活動」でもある**わけです。

海外出張を経験した分だけ社員が成長する理由

社外研修でマネジメントを徹底して学ぶ

「社外で受ける教育」(お金をかける教育)は、おもに次の「2つ」です。

- **外部機関が運営する「社外研修」**
- **海外出張、海外視察**

◉社外研修

社外研修は、「中堅社員向け」「幹部向け」「執行役員向け」「経営トップ向け」と階層別に4段階になっていて、計画的に社員の成長を図っています。

中堅社員には、意識改革と行動改革を目的とした「自己革新研修」(新経営サービス)と、プレゼンやファシリテーションなど、実践的な技量を身につける「Mind ×Action研修」(ベックスコーポレーション)を受講させています(3分の2以上の社員が受講済)。

幹部社員(部長クラス)には、ひとり当たり年間100万~200万円の費用をかけて、「経営者大学」(新経営サービス)やバイオエネルギーによるリーダー研修(ベックスコーポレーション)へ派遣し、マネジメントやリーダーシップを徹底して学ばせています。

社員数わずか55人の中小企業が、社員ひとりに年間百数十万円の教育費をかけるのは簡単ではありません。

ですが、会社の存在理由は、**「社員を成長させる」**ことにあるのですから、そのための投資を惜しんではいけません。

それに、教育費はかけ捨ての保険とは異なります。かけた分だけ社員は成長するのですから、大いに見返りはあるのです。

出張する必要がない事務の女性社員も海外出張に派遣

◉海外出張、海外視察

お金をかける教育の中で、**最も効果的なのは「海外出張」**です。

海外出張にはひとり当たり50万～60万円の費用がかかりますが、できるだけ多くの人数を海外に行かせています。

毎年、**2割以上の社員**（営業員と技術員）を海外の展示会や研修に派遣しています（海外の展示会視察には、3人程度を派遣する会社が多い中、当社ではその3倍以上の10人程度を派遣）。

また、他社では海外出張の機会がない女性事務員にも、当社では機会を与えています（営業事務員、購買業務、秘書など、内勤も含めて女性の半数以上は海外出張経験者）。

日本レーザーは社員55人の会社ですが、海外パートナーへの訪問を含めれば、年間で全社員数に相当する延べ50人ほどが海外出張をしています。

帰国後に提出する報告書は、「英語で書く」のが決まりです。

海外出張から戻ると、視野が広がり、モチベーションが高まり、社員が自発的に一歩踏み出すようになります。

2015年にドイツの展示会に行った業務部・購買グループの江田弥生は、TOEICで930点も取っているにもかかわらず、「TOEICの点数がよくても、私の英語は実用的ではないことがわかりました」と言って、さらに勉強を始めました。

また、営業アシスタントの篠塚美鈴に、「いつもキミがメールでやりとりしている相手に会ってきなさい」と言って海外メーカーに送り出したところ、「直接会ったことで、現地の様子がわかりました。メールだけでやりとりしていたときよりも、コミュニケーションが格段にスムーズになりました」と話しています。

日程も余裕を持って組んでいるので、観光や現地の人との交流なども奨励しています。

海外出張は、新しい知識、情報、刺激に触れるチャンスであり、社員の意欲向上につながっています。

社長の役割は、社員に「自己成長の機会」を与えること

頼まれごとを断らずにやってみる

業務部・販売促進グループ課長の橋本和世は、パートから正社員になり、現在はホームページの更新、プレスリリースの発行、展示会の企画、カタログの製作など、日本レーザーのセールスプロモーション全般を手がけています。

橋本は**「頼まれた仕事は断らずに引き受ける」**ことこそ、自分のキャリアをつくる最良の方法であると実感しています。

「私は理学部出身なので、マーケティングも販促もパソコンも、まったくのど素人でしたが、そんな私が販促グループ長になれたのは、**頼まれた仕事に対して『嫌だ』と断らずに**

引き受けてきたからだと思っています。

当社は、言いたいことが言えるフラットな会社ですから、どうしてもやりたくないときは、『嫌だ』と言うこともできます。

でも、『これは私の仕事じゃない』『私にはできない』『勉強したことがない』という理由で断っていたら、キャリアアップもスキルアップもできません。

この会社では、毎年、何らかの新しい仕事を与えられますが、『**断らずにやってみる**』ことを心がけています。頼まれごとを積み重ねた結果として、今の自分がある気がしますね」（橋本）

パートから正社員への雇用変更によって、彼女の業務範囲は広がりました。

それでも彼女は、その変化を「自己成長の機会」として前向きにとらえています。

「他人から期待されているのであれば、なるべく応えたいと思う一方で、私には部下を指導したことも、展示会を企画したこともありませんから、プロモーションの仕事が自分に務まるのか、正直悩みました。

けれど、近藤社長が『橋本ならできる』と思っているのであれば、私にはその可能性があるということです。だったら、やってみればいい。できるかできないかわからないときは『できる』と答えたほうが、チャンスにつなげられるのではないでしょうか」（橋本）

社長23年で26社の商権喪失！

日本レーザーは、海外メーカーと代理店契約を結び、一般企業や大学の研究室などにレーザー製品を販売していますが、契約が一方的に切られてしまうことがあります。

「ほかの代理店に鞍替えするケース」「海外メーカーが自ら日本法人をつくるケース」「海外メーカーがM&A（買収・合併）の対象となり、先方の代理店を活用することになったケース」などさまざまです。

私が社長になってからの23年間で、契約を切られたり、社員が商権を持って独立したケースは実に「**26社**」にのぼります。

商権を持ち出したり、自分で輸入商社を立ち上げたりした元社員は**15人**もいます。

有力サプライヤーだけでも、取引額の多い**12社**から契約を打ち切られました。

また、海外から製品を輸入するわけですから、為替の動向にも大いに業績が左右されます。円高の間は調達コストが下がりますが、円安に振れると一気にコストがかさみます。


こうした外部環境下で利益を安定的に出していくのは、容易ではありません。

2001年にITバブルが弾けたとき、同業者の多くは売上が「半分」近くまで落ち、人員整理を余儀なくされましたが、当社では**バブルが弾けたあとも「5％」売上を伸ばし、離職者もゼロ**です。

日本レーザーが、バブルの余波をくらわなかったのは、社員ひとりひとりが**「会社は自己実現の場である」と考え、新しいことにチャレンジし続けた**からだと思います。

覚悟が人を育てる

システム機器部の谷口透は、2017年に副課長格へ昇格しました。

当社の場合、副課長に上がるのは40歳前後が一般的ですが、彼はまだ31歳。異例の抜擢です。私が彼を昇格させたのは、成長意欲が高いからです。

「私はかつて大手メーカーにいましたが、会社の規模が大きいと、包括的に仕事をすることができません。けれど当社では、個人の意思を尊重して任せてくれるので、お客様にどのような形で販売していくか、どのような戦略で臨むか、自分で考えられます。自主的に仕事をするには、自分で考えないといけませんが、自分で考えるからこそ成長できるし、面白い仕事ができるのだと思います」（谷口）

日本レーザーには、社内で自己実現できるよう「チャンス・アンド・チャレンジ」の企業風土をつくっていますが、まさに谷口は、チャレンジしていくこと自体に生きがいを感じています。

「個人的な目標として、『今までの担当者がやっていない仕事で成果を出したい』『顕著な成果を出して自分の足跡を残したい』と思っています」（谷口）

2016年に、谷口から「新しい装置を扱いたい」という提案がありました。そのためには、まずデモ機を購入しなければなりません。

お客様（見込客）にデモ機を操作していただき、イメージどおりの測定が行えるかを確認していただくためです。

デモ機は、1000万円以上もします。もし買い手が見つからなければ、会社は1000万円の損失になる。けれども私は、承認しました。

「事前に、『購入意思の高いお客様がいる』という情報を得ていたので大丈夫だとは思っていましたが、それでも『コケてしまったらどうしよう』というプレッシャーはすごくありました」（谷口）

結果的に、新しい装置は、堅調に売上を伸ばしています。

彼のチャレンジが実を結んだ理由は、彼が「お客様の動向に注意深く目を向けたこと」「問題意識を常に持っていたこと」「『このままでいい』と考えたり、現状維持に甘んじなかったこと」などが挙げられますが、いちばんの理由は、**「並々ならぬ本気の覚悟を持っ**

ていたこと」です。彼は私に、

「**もし、この装置が売れなければ、自分は会社を辞める**」

とまで言い切ったのです。

私が背水の陣で日本レーザーの再建に取り組んだように、彼も自らの退路を絶って、チャレンジした。その強い覚悟が、結果を引き寄せたのだと思います。

最年少役員に抜擢された理由

名古屋支店のトップである佐々木淳は、41歳の**最年少執行役員**です。

彼はとにかく仕事熱心。私と佐々木が、フランクフルトにあるオミクロンという会社の営業会議に参加したときのこと。

現地では、オミクロンが手配してくれたバスでフランクフルトからミュンヘンまで長距離移動しました。バスには、他国の代理店社員も同乗していたのですが、彼らの多くは外の景色を眺めたり、ワインを飲んだりしながらリラックスしていました。それが普通でしょう。私だって、ワインが飲みたかった（笑）。

しかし、佐々木だけは違いました。

メールをチェックするなど、目的地に到着するまで約5時間、休むことなく仕事を続けていたのです。

彼は大学では文系で、卒業後はカナダに遊学をしています。海外に出たことで英語ができるようになったし、彼の視野も広がった。

一方で帰国後、なかなか就職ができず、苦労をした経験があります。

だからこそ、「早く一人前になりたい」という思いがあったのでしょう。

こうした成長意欲と努力の結果、彼は最年少執行役員にのぼりつめたのです。

どうしたら、社員が自発的に仕事をするようになるか

トップダウンでは組織は成長しない

日本レーザーが目指しているのは、「自己組織化」です。

自己組織化とは、自立した社員が創造的な活動をして、変化に対応できるチームにすることです。

スポーツにたとえると、サッカーのような「個々のプレー」と「連携プレー」の両方で対応する組織をつくることです。


大阪支社の奥田明子は、35歳で課長格になった営業業務担当です。

支店の女性事務員のおもな仕事は、経理の精算といった総務や庶務です。

ですが、奥田の仕事は、それだけにとどまりません。

注文を受けたり、見積書をつくることもあります。私が「見積書をつくれ」「注文を受けろ」と指示しているのではありません。

「どうすれば会社に**貢献**できるか」を奥田自身が考え、自己効力感（自分に対する信頼感や期待感）を持って仕事をしているのです。

普通の事務員であれば、見積書をつくることはできません。なぜなら、見積書は、商品に関する知識がないとつくれないからです。

ですが彼女は、海外工場でのトレーニングを受けているので（2回）、注文を受けることも、見積もりをつくることもできます。

しかも、受注を売上に計上する際、「自分の名前」にしません。営業員の名前で計上するため、営業員はとても助かっています。

奥田は、「**縁の下の力持ち**」として大阪支社を切り盛りする、バックオフィスの実質的な責任者なのです。

日本レーザーの社員が自発的に仕事に取り組んでいるのは、「**上から押さえつけられる**

ことがないから」です。

社員が「やってみたい」と思ったことに対して、「それは無駄だからやめたほうがいい」「費用対効果が見合わない」「前例がないからできない」と頭ごなしに否定すれば、社員の自主性は損なわれ、自己組織化は進まないでしょう。

当社は、トップダウンによる管理はしていません。

あくまで、社員ひとりひとりの自発的な成長を期待しています。

たとえば、業務部・購買グループの黒肱《くろひじ》香里はフォワーディングカンパニー（国際物流を専門とする会社）を見直すときも、「どこがいちばん安くて、サービスがいちばんいいのはどこか」を自分で決めています。社長の私へは、事後報告です。

社員を徹底して管理するよりも、**社員ひとりひとりに裁量権**が与えられる。そのほうが社員のモチベーションが上がり、組織は成長するのです。

第2章

10年以上離職率ほぼゼロ！人が辞めない仕組みはこうつくる

〝人を切り続けてきた私〟がたどり着いた結論

「1000人リストラ」に直面

私は、**「社員の生涯雇用を守ること」**こそが社長の責務だと考えています。
けれど、日本電子時代の私の仕事は、今とは対照的で**「人を切ること」**でした。

1972年、私が28歳のとき、労働組合の執行委員長に就任しました。
その矢先、ニクソンショックにより円高が進み、さらにはオイルショックで物価が跳ね上がると、日本電子の経営状況は一気に苦しくなりました。

上場以来、株価を支えるため高配当を続けていたことも体力を消耗させました。資本金32億円の会社が、**「38億円もの赤字」**を抱えることになったのです。

経営危機を乗り切ろうと、日本電子は合理化を進めます。電子顕微鏡と分析機器・臨床検査装置の事業だけを残し、レーザー、電子計算機、集積回路、電子ビーム録画機器など多くの事業からの撤退を決めました。

厳しい労使交渉の末、経営責任を明確にしてもらうため、当時の経営トップは全員退任してもらうことになったのですが、その一方、希望退職という形で**社員全体の3分の1に当たる1000人の社員を削減**することになったのです。

私は、希望退職を受け入れる苦渋の決断をしました。

労組の執行委員長として人員削減を受け入れたとき、私は30歳でした。

退職する方は組合からも脱退しますから、積み立ててきた闘争積立金を返還しなければいけません。私は、その手続きで数百人の組合員全員と面談したのですが、大半の方は私より年長の先輩にもかかわらず、「委員長もこれからよい会社をつくってください」と激励してくれました。

長年、組合のために尽力してくれた功労者がリストラされ、社歴が短く、貢献度の低い若者が残る！

この会社の判断に、私の心は相当痛みました。

希望退職制度で退職金の割増や、再就職斡旋や、再雇用制度も条件にしましたが、一部の組合員からは、

「オレは15歳からこの会社で働いてきたのに、この仕打ちはなんだ！」

「どうしてオレが経営の失敗の犠牲にならなきゃいけないのか！」

「組合に協力した私が、どうして会社を去らなくてはいけないのか？」

「委員長や書記長が現場をよく見ていれば、経営危機の芽にいち早く気づいたのではないか。いったい、何をチェックしていたんだ！」

と憤懣《ふんまん》をぶちまけられたこともあります。

当時の私には、答える言葉がありませんでした。

「去るも地獄、残るも地獄」で味わった2つの教訓

では、会社にとどまった3分の2の社員は安泰だったのでしょうか？

決してそうではありません。

再建のメドが立つまでは、「年収25％減の状態」で働かなくてはならなかったのです。去るも地獄なら、残るも地獄でした。

人員整理と自主再建を通して私は、

「組合が頑張って労働環境を改善したとしても、経営そのものが間違っていては雇用を守れない」

「すべての元凶は赤字であり、赤字は社員とその家族の人生を狂わす」

ことを肌身で教えられたのです。

1984年に執行委員長を退任すると、今度は米国法人の副支配人として渡米。与えられた任務は「**ニュージャージー支社を閉鎖する**」という、これまた過酷なものでした。

支社には、50人のアメリカ人従業員と10人の日本人駐在員がいましたが、アメリカ的手法での整理を行い、アメリカ人社員を**全員解雇し、土地・建物をすべて売却**したのです。

ニュージャージーの一件がひと段落ついたあと、今度はボストンの米国法人本社に移ります。

1989年、取締役（本社取締役兼米国総支配人）になってまもなく冷戦が終結します。日本電子製品の約4割はアメリカの軍関係に納品していたため、冷戦終結は大きな試練で、売上が激減しました。

一時期100億円以上あった売上は、60億円台にまでダウン！　このままでは大赤字になることが明らかだったため、経営の立て直しに走りました。

たまたま現地で進めていたサービス事業が好調だったため、最終赤字にはなりませんでしたが、それでもリストラをせざるをえない状況でした。**指名解雇をして2割程度の人員削減を断行**したのです。

一度でも体験してみるとわかりますが、リストラはまさに「修羅場」です。

「日系企業は解雇がないと聞いていたからこの会社を選んだのに、業績が悪くなっただけでどうして解雇するんだ」と、私の前で嗚咽《おえつ》をもらした社員もいました。

私も一緒に泣きながら、「本当に申し訳ない」と心から謝罪しました（この社員とは、10年以上たったあと、サンノゼで開かれたレーザーの展示会でバッタリ遭遇。ハグし合って再会を喜び合いました。新たな職場で活躍する彼を見て、とてもうれしく思いました）。

どんな理由があろうと「赤字は犯罪」

労組執行委員長として自主再建に取り組み、ニュージャージー支社を閉鎖し、ボストン（米国法人本社）では指名解雇をするなど、非情な人員整理を行う中で私は、

「**安定的な雇用確保こそ、経営者の役割**である」

「会社は、**雇用を守るために存在**する」

「社長は、雇用を守るために、**絶対に会社を赤字にしてはいけない**」

と痛感するようになりました。

こうした経験が、日本レーザーの雇用の基礎になっています。


どんな理由があろうと、「**赤字は犯罪**」です。

なぜなら、会社が赤字になれば、雇用不安を引き起こすからです。

環境が変化しても、**社員が努力すれば利益を生む構造をつくるのが、社長の仕事**です。

会社の目的はたった2つ！「社員の雇用」と「社員の成長」

「仕事」でなければ得られない3つの喜び

私は、人生の喜びは「4つ」あると考えています。
ひとつ目は、「ほかの誰か**に必要とされる**」こと。
2つ目は、「ほかの誰か**を助ける**」こと。
3つ目は、「ほかの誰か**に感謝される**」こと。
4つ目は、「ほかの誰か**から愛される**」こと。

このうち、最初の3つは、働かないと得られない喜びです。
人から必要とされ（ひとつ目）、必要とされたからその人を助け（2つ目）、助けたから感謝される（3つ目）。この3つが人生の喜びだとすれば、会社は、**「人を雇用して、働くことで得られる喜びを雇用者に提供する」**ために存在すべきだと思います。

日本国内で6000万人以上いる就業者のうち、自営業主はほんのひと握り。ほとんどは、雇用者（会社、団体などに雇われて給料、賃金を得ている人）なのですから、経営者は**「働く喜び（人生の喜び）」を知る雇用者をひとりでも多く増やす責任**があるのです。

会社は何のためにあるのか？

私は、労組の執行委員長を務めた経験から、雇用者をひとりでも多く確保するには、「会社を黒字にし続け、事業を存続させるしかない」と考えています。

そして、事業を存続させるためには、**「社員が成長し続ける」**ことが前提です。

会社には、「ヒト」「モノ」「カネ」「情報・技術」の4つの経営資源がありますが、この

「ヒト」は「モノ」「カネ」「情報」の上にある

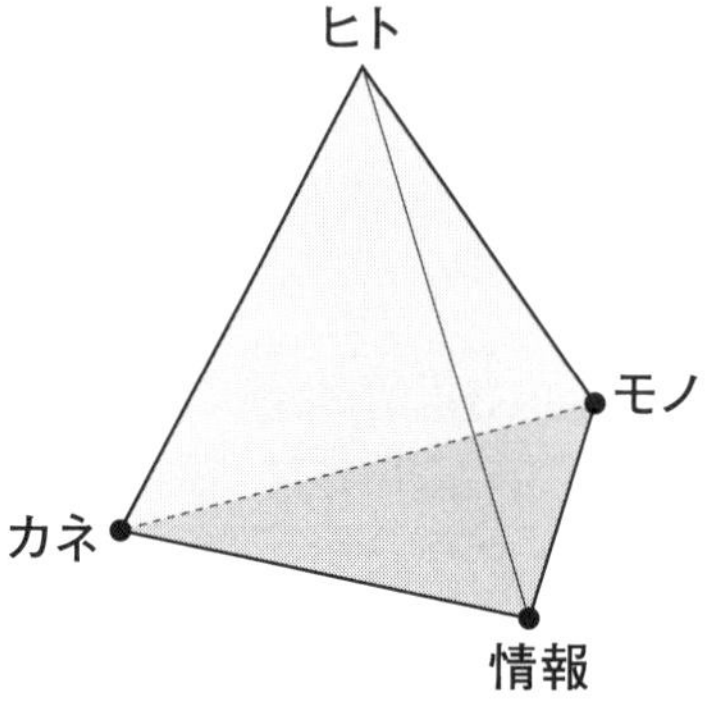

4つは横並び（同列）ではありません。

「モノ」「カネ」「情報」を使って新しい商品やサービスを生み出すのは、まさしく「**ヒト**」。

ということは、「**ヒト」が「モノ」「カネ」「情報」の上に立った「三角すい**」であるべきです。

「ヒト」がいるから、付加価値を生み出すこともできる。

会社の成長は、「ヒト」の成長によってつくり出されるものなのです。

そこを取り違えているから、企業は平気で「ヒト」を切る。「経営が成り立たないから、『ヒト』を切ろう。『ヒト』をひとり切れば、年間で1000万円は浮く」と短絡的に考えるわけです。

これは大きな間違いです！

一般的に、社長は「市場」や「カネ」を見て経営をします。右肩上がりの事業展望を持ちながら、高成長、高収益、高配当、高株価の会社になることを目標にする。そして、それが企業価値だと考える。でも、日本レーザーは違う。

私は、市場でもお金でもなく、**「ヒト（社員）」**を見て経営をしたい。

だから、お金のために人を切ることはしません。

会社とは、社員にとって、**「人生の喜びを得る場所」**であり、**「成長するための舞台」**なのですから。

「働くこと」＝「必要とされること」であり、必要とされる喜びの中で、人は「できないことができるようになりたい」「もっとうまくやりたい」と成長していくものです。

したがって、私が会社を経営する目的は、次の「2つ」に集約できます。

●会社を経営する目的

①「社員の『雇用』を守ること」

②「社員の『成長』を促すこと」

なぜ、「70歳まで再雇用」するのか

私の理念は、**「雇用」**です。

私が会社を経営しているのは、「人生の3つの喜びを知ってもらうために、人を雇用し、成長させる」ためです。

私は、「雇用を犠牲にするような経営をしてはならない」と考え、生涯雇用を掲げています。去る人間は追いませんが、**私から辞めさせることは絶対にしません**。

会社は、人を雇用するために存在するのですから、雇用した以上は、会社都合で辞めさせることはありません。

「会社都合でリストラをする」ということは、社員の成長を途中で打ち切ることになる。それでは、**会社を経営する目的（理念）に反してしまいます**。

終身雇用が日本的経営の特徴だと言われますが、実際はほぼ60歳で定年です。

人生50年時代ならまだしも、日本の健康寿命（自立してすごせる期間）は、男性が71・

11歳、女性が75・56歳です（2013年調べ／「日本経済新聞」2015年8月28日付）。今の時代に、60歳定年はふさわしくありません。

日本レーザーは、就業規則に「**70歳までの再雇用**」を定め、いずれは「80歳」まで延長したいと考えています。

また、社員が育児や介護、病気などで満足に働けなくても、短時間労働や在宅勤務に切り替えて雇用を守ります。

雇用を守られている安心感があるからこそ、社員は成長し続けることができる。

「**生涯雇用**」**こそ、最大のセーフティネット**なのです。

なぜ、「赤字は犯罪」なのか？

どんな環境でも利益が大事な理由

私は、日本レーザーを含めて**企業再建に4回**関わり、その過程で人を犠牲にした経営を散々見てきました。

そのときの経験が原点となり、私は「**肩たたきは絶対にしない**」と決めました。

私にとって、会社経営の第一義は、「**雇用と成長**」です。

会社は「人を雇用して社員に成長を促す場」です。

もちろん、利益を上げることも税金を払うことも大切です。けれど、利益はあくまで**雇用を確保するための「手段」**にすぎません。

利益は雇用を生み、雇用は利益を生みます。

大半の人は自分で雇用をつくることができないのですから、会社が雇用を確保しなければなりません。

日本レーザーで働くすべての人たちの雇用を守り、自己成長の機会を提供するためには、**赤字は犯罪であると社長が強く意識して、どんな経営環境でも利益を出す**必要があります。

首相や大統領が変わって円高になろうと円安になろうと、インフレになろうとデフレになろうと、**しっかり利益が出る仕組み**をつくらなければなりません。

会社の規模を大きくすることに意味はない

日本レーザーでは、未来に対するビジョンとして、「クレド」(↓116ページ)に、

「ＪＬＣ(Japan Laser Corporation)は数年以内に40億円の売上を達成し、近い将来50億円を目指します」

「ＪＬＣグループは、長期的にはＪＬＣＨＤの傘下に何社かの企業を加えることで１００億円の年間売上を目指します」

と数字を明記しています（2012年7月改定）。

すると、「数年以内とは、具体的に何年以内なのですか？」「いつまでに100億円にするのですか？」という質問をいただきます。

しかし、売上を数字で示しているのは、「潰れない会社をつくる」「何があっても生涯雇用を守る」という**「社員に対する私の覚悟」**のあらわれにすぎません。

ですから、**「いつまでに」を明確にする必要はない**と考えています。

仮に、「3年後に40億円、5年後に50億円、10年後に100億円」と期日を区切ってしまうと、**「売上を達成する」「利益を上げる」ことが目的**になってしまいます。

どんどん借金して、投資をして、人と商権をさらってくるような荒っぽい経営をすれば、売上はすぐに伸びるでしょう。

ですが、日本レーザーが目指しているのは、「会社の規模を大きくすること」でも「上場すること」でもありません。

大事なのは社員に、

「働くことで得られる喜びを提供すること」

です。

そのために、人を雇用する。

そして、生涯をかけて**成長できる舞台**を提供する。

利益は、「雇用を守るため」に必要なのであって、**利益を上げること自体が目的ではないのです。**

「社長」第一主義と「社員」第一主義を両立させる魔法の「働き方の契約書」クレド

社長が志を明言しなければ、人を大切にできない

社長は、「どんな会社にしたいのか」「どんな事業をやりたいのか」「自分は何がしたいのか」「社員にはどうあってほしいのか」といった**「夢」と「志」を明文化**しておく必要があります。

なぜなら、**社長の思いの方向と強さ**が、そのまま経営に反映されるからです。

会社の結果は、**「社長の思い」**で決まります。

ですから、**「会社の定義」**や**「会社の存在意義」**を明確にしておくことが大切です。

「生涯雇用を守り、社員の成長を提供する」ことが私の「目的」であり、「夢」であり、

「志」です。

そして、そのことを社員にも周知徹底しています。

私が「クレド」（当社HPの会社概要・経営理念と経営方針に続いて全文紹介）をつくったのも、私の「志」を社員に共有してもらうためです。

日本レーザー社長に就任したとき、私の方針に賛同できない社員が辞めていきました。経営再建に当たって人材不足は痛手でしたが、私は引き止めませんでした。

会社（＝社長）になじめないまま仕事をしてもらったところで、会社にとっても働く側にとってもプラスにはならないからです。

日本レーザーのＨＰには、「クレド」が全文掲載されています。

当社への就職を希望する求職者は、クレドの内容に共感したからこそ、「この会社で働いてみたい」と思うわけです。

もし、クレドに共感できなければ、そもそも「日本レーザーで働きたい」とは思わないでしょう。

当社の社員は、「日本レーザーがどういう会社なのか」「社長はどのような志を持っているのか」を理解したうえで入社をしてきます。だから、簡単に辞めないのです。

「社長」第一主義と「社員」第一主義を両立させるには

私は、「中小企業は、**社長第一主義**が正しい」と考えています。

社長第一主義とは、「経営の目的は社長が決めていい」ということです。

「どのような会社にしたいのか」「社員にはどうあってほしいのか」は、すべて社長が決めます。

日本レーザーの理念やビジョン（＝クレドの内容）は、経営幹部に相談することなく、すべて「私ひとり」でつくりました。なぜなら、

「会社は、社長で決まる」

「経営の結果は、社長の思いで決まる」

からです。

しかし、**社長第一主義は、同時に「社員」第一主義**でなければなりません。

会社は、社長が贅沢をしたり、暴利をむさぼるために存在するのではありません。利益を出すのは、雇用を守るためです。

会社は、「社員が人生の喜びを知り、成長する舞台」なのですから、理念やビジョンは、社員の幸せに直結すべきです。

日本レーザーのクレドは、**「社長第一主義であり、社員第一主義」**です。

クレドは、社長が社員に対して、「こういう経営をする」と約束したものです。

一方、社員にとっては、「このように働く」という約束です。すなわち、就業規則が「働く条件の契約」であるならば、**クレドは「働き方の契約」**と言えます。

日本レーザーのクレドが、他社の経営理念と大きく違うのは「２つ」。

①「会社は、社員の雇用と成長の機会を守るために存在している」

②「会社は、社員を幸せにするために存在している」

と明言している点です。

社長第一主義で社員第一主義という考え方は、従来の欧米では成り立ちません。欧米では、資本家と労働者は対立するのが前提だからです。

ですが私は、「経営者と雇用者は対立するものではなく、**理念を共有する関係**である」

と考えています。

◉クレド（ラテン語で、志、信条、約束の意味）

経営理念、ミッション、価値観、経営方針などを言明したもの。

日本レーザーが「何に価値を置き、どのような会社にしたいのか」を明確に述べている。

社員にとっては、社員憲章や行動規範に当たり、働き方の基本、望ましい姿勢、理念を体現する社員の条件などを具体的に示している。

クレドの一例（当社ＨＰに全文紹介）

経営方針

私の経営方針はＪＬＣを大きくすることではなく、全ての働く人たちが楽しんで仕事を行い、自分を成長させ、満足と成功を得られるような会社の仕組みを作るための助けになることです。

コーポレートミッション

私たちは、年齢、性別、学歴や国籍等に係わらず、日本レーザーに働くすべての人たちに、自己実現と自己成長の機会と環境を提供します。

経営指針

私はＪＬＣで働くすべての人に、会社の経営哲学や価値観を理解してもらうために努力します。社長としての私の役割は、個々の社員の成長のために支援をすることですが、特別なやり方を無理矢理押し付けるものではありません。

企業の存在意義

- **雇用することです（働くことで得られる喜びの場を提供すること）。**
- **成長と自己実現の機会を与えることです（チャンス&チャレンジ）。**

私は、**雇用を守るために、絶対に赤字にしない仕組みづくり**に注力しています。

ですが、「すぐれた仕組み」だけでは、「人を大切にする会社」をつくることはできませ

ん。「仕組み」よりも大切なのは、

「すぐれた社風をつくること」

です。

日本レーザーが、数々の逆境に見舞われながらも**「23年連続黒字」**を続けているのは、人事評価や社員教育といった仕組み以上に、**「私の思い」＝「会社の理念」が社員に浸透し、社風**をつくっているからです。

「何のために会社をつくっているのか」

「何のために会社を経営するのか」

を社長自身の言葉で社員に直接伝えることが、「人が辞めない会社」をつくる要諦であると私は確信しています。

なぜ、「2－6－2」の「下の20％」を切ってはいけないのか？

「下の20％」は宝！

社員にとって「価値ある会社」とは、「雇用不安がない会社」です。

私が社長である限り、絶対に解雇はしません。継続した黒字が雇用不安を解消し、**離職率はこの10年間ほぼゼロ**です。

一般的に、組織の構成比は、

- **「上位20％（会社を引っ張る20％のリーダー）」**
- **「中位60％（会社を支える60％の人材）」**
- **「下位20％（上の80％にもたれかかっている20％）」**

に分かれる（2－6－2の法則）というのが通説です。

実際、日本レーザーでも、社員の粗利や成果、TOEICスコアなどを見てみると、2―6―2の割合できれいに分かれています。

この構成比に対して、外資系企業や一部の大企業では、

「下位20%を切って、能力の高い人を新しく採用したほうが、組織力が向上する」

と考えるでしょう。

新しい社員（能力が高い社員）が上位20%に入れば、上位にいた社員が中位に落ち、中位にいた社員が下位に落ちる。すると、「2―6―2の構造は同じでも、全体的にレベルアップする」というのがその論理です。

しかし、**私の持論は違います**。私は、

「下位の20%を切ってはいけない」

と考えています。

なぜなら、**下位の20%を辞めさせると、残り80%の社員のモチベーションが低下**するからです。

上位20%のリーダーも、60%の中堅社員も、常に**「下に落ちるリスク」**を抱えています。

「下位20％に落ちたら、クビ切りに遭うかもしれない」となると、会社のために身を粉にして頑張ろうとは思いません。むしろ転職すら考えるようになりかねません。

しかし、仕事の成果が挙がらなかったり、病気などのリスクに直面したときでも、「会社は必ず雇用を守ってくれる」とあらかじめ確約されていれば、「会社のために献身的に働こう」と思うはずです。

「下位20％」は社員に気づきを与えてくれる

誰しもそれぞれの事情を抱えています。ガンになる。親が要介護状態になる。子どもがぜんそくになる……。

こうした厳しい事情を背負い、もたれかかるしかなくなった下位20％の社員に対して肩たたきをしたら、まわりの社員はどう思うでしょうか？

「会社はいざというときに助けてくれないから、自分たちも会社に尽くす必要はない」

「仕事はそこそこにして、趣味や余暇に時間を使ったほうがいい」

と思うのが当然でしょう。これでは、会社に対する忠誠心や献身は失われます。

日本レーザーでは、**「下位20％」は「残り80％」の社員に気づきを与えてくれる存在**です。

下位20％の雇用をしっかり維持することで、「たとえ下位20％に落ちたとしても、会社は雇用を守ってくれる。だから自分たちも会社に貢献しよう」というロイヤリティ（忠誠心）が醸成されていくのです。

週3回、人工透析をしながら、腎臓がなくても働く59歳の課長

大阪支店でサービス（製品のメンテナンスや修理）を担当する水田良二は、現在59歳（60歳になる2017年4月からは再雇用契約）です。

彼は、自分のことを「病気のデパート」と揶揄《やゆ》していますが、骨折、結核などを経験し、現在は**腎臓が2つともありません**。

月、水、金の週3日、1回3、4時間の人工透析のために会社を早退しています。人工透析の翌日は、体調を考慮して出社時間を遅くしています。

彼が人工透析を始めたのは、今から17年前、43歳のときです。

かつては、私と一緒に海外出張をしたこともありますが、現在では大阪支店でサービス

の仕事をしています。

今の彼に、数字として成果が見える仕事はできません。けれど会社には、それ以外の仕事もたくさんあります。

以前と同じ仕事はできなくても、支社の裏方として、自己効力感（自分に対する信頼感）を持って仕事をする彼の姿勢には、頭が下がります。

彼が「課長」になったのは、腎臓を患ってからです。障害の有無にかかわらず、実績に応じて役職に就いてもらうのが当社の姿勢です。

「30年以上この会社にいますが、ほかの社長と近藤社長のいちばんの違いは、**雇用に対する考え方**です。近藤社長は、『社員を大切にしよう』というポリシーを明確に持っています。そうでなければ、私のような病気のデパートを雇用しようとは思わないでしょう」（水田）

日本レーザーの社員が「好待遇の引き抜き」に応じない理由

国内レーザー専門商社業界において、人材の引き抜きはめずらしくありません。

ある欧米の大手メーカーが日本法人を設立する際、日本レーザーの社員5人に好待遇のオファーを持ちかけたことがありました。

給料のオファー額は、**「現状の2倍」**だったそうです。

しかし、**5人全員が日本レーザーにとどまり**ました。

理由は、「最初の年の給料が継続するわけではないこと」「本社の事業再構築やM&Aにともなって解雇されるリスクがあること」「仕事の自由度が低いこと」などでした。

一時的に給料が上がっても、「いつ解雇されるかわからないリスク」がある以上、安定的に仕事をすることはできません。

①「雇用を保障する」

②「言いたいことが言える環境を整える」

③「透明性のある人事制度を設け、能力に応じて公平に評価する」

といった施策が、社員の定着率を高め、人材の流出を防いでいると言えます。

「言いたいことが言える雰囲気」があれば、給料が安くても社員は辞めない

あなたは、社長批判を受け止める度量があるか？

社員の離職率を下げるにはズバリ、**「何でも自由にものが言える環境」**が重要です。

上司や社長の顔色をうかがい、「言いたいことが言えない」（やりたいことがやれない）状態では、社員の自立を促すことはできません。

かつて日本レーザーに、峯《みね》宏行という常務取締役がいました。

残念なことに、２０１５年に57歳で喉頭ガンで亡くなったのですが、彼が「私の次の次

の社長候補」と目されていた理由のひとつは、社長に対する直言、諫言《かんげん》、進言をためらわない強い思いを持っていたからです。

主任時代（30代）の峯は、20年以上前の全社会議の場で私にこう言いました。

「社長は、去る者は追わないとおっしゃいますが、長年働いた社員が辞表を出すということは、よほどのことだと思います。それなのに社長は、説得もせずに辞表を受け取って、辞めた人の代わりに新しい採用をする。要するに、『人が辞めても、新しい人を採ればそれでいい』と考えて経営しているのではありませんか？」

役員の中には、「峯は会社を辞めるつもりだ。だから最後に社長批判をしたんだ」と考える者もいましたが、私は「峯は辞めない」と思っていました。そして、会議のあとで彼にこう声をかけました。

「峯くん、ありがとう。峯くんがストレートな質問（社長批判）をしてくれたからこそ、私も全社員の前で、ストレートに自分の考えを伝えることができた。私の説明があなたにとって納得のいくものだったかはわからないけれど、少なくとも僕は言い訳をしたり、批判をかわしたりしないで、誠意を持って説明をしたつもりだ。おそらく、あなた以外にも、『新しい人を採ればそれでいいのか』と疑問を持っていた社員はいたと思う。そういう人たちに説明する場を与えてくれたのは、峯くん、あなただ。だから感謝しています」

私は、面と向かって批判をされても、「恥をかかされた」とは思いませんでした。だから、腹が立つことも、感情的になることもありませんでした。

もし私が彼の意見を突っぱねていたら、多くの社員が会社を離れ、日本レーザーは立ち行かなくなっていたでしょう。

一方、退職覚悟で社長に諫言した峯は、それからは「社長のために頑張る」と言って、猛烈な営業成績を上げ続け、主任→係長→副課長→課長→次長→部長→取締役→常務と亡くなるまでの20年間、まさにフル回転でした。**社長のひと言が社員も会社も変える**のです。

社員が絶対に辞めない「3つ」の条件

社員は決してお金で動くわけではありません。

また、昇進や昇格がしたくて働くわけでもありません。
社員を動かす原動力は、次の「**3つ**」です。

①「言いたいことが何でも言える明るい風土がある」
②「社員が会社から大事にされていると実感している」
③「会社は自分のものだという当事者意識を持てる」

この3つが整っていれば、社員は辞めません。

トップを走る社員の中には、「36歳で部長になり、40歳で執行役員に選出」された者もいます。彼の年収は1000万円超なので、昇給・昇格が止まっていて貢献度も低い社員と比べると、500万円近く差がついています。

トップとの間に圧倒的な格差がついたとしても当社の社員が会社を辞めないのは、「言いたいことが何でも言えて、会社から大事にされているという実感が得られて、会社は自分のものだという当事者意識を持てるから」にほかなりません。

強い組織をつくる「おぬし、やるな」という共感

社員が会社に求めているものでいちばん大切なのは、
「言いたいことが言えること」
です。

社長（上司）と社員（部下）が「何でも自由にものが言える関係」を築くことができれば、社員は自主的に仕事をするようになります。

そのためには、上下関係ではなく、**横の関係**を構築することが大切です。

日本レーザーでは、社長と社員、上司と部下、すべての人間関係において、「**C**《シー》**A**《エー》**R**《アール》」(Confidence,Appealing and Respect）という原則を掲げています。

① Confidence（コンフィデンス）

……信頼／お互いが**信頼し合う**こと

②Appealing（アピーリング）

……魅力／お互いが、相手から見て**魅力的な存在**であること

③Respect（リスペクト）

……連帯／お互いに共感を覚え、**連帯感**が生まれること

社長の私は「絶対に赤字を出さない」「リストラはしない」ことで社員にアピールする。一方で社員は、業績を上げ、会社に貢献することで社長にアピールする。信頼感を持ち、互いのよさをアピールし合うと、**共感**が生まれます。

共感といっても、シンパシー（同情）ではありません。**「リスペクト」**です。「リスペクト」とは、私の感覚で言うと、「おぬし、やるな」と互いを認め合う**「好敵手」**に近いと思います。

社員同士も、社長と社員の関係も、どちらが上位ということではありません。

厳しい環境でも社員が辞めないのは、「ＣＡＲ」に基づいて、**オープンな社風**ができ上がっているからです。

「SOFT」な職場のつくり方

社長が理想とする職場を示す

日本レーザーでは、理想的な職場のイメージを「SOFT《ソフト》」という言葉に集約しています。そして、社長自ら率先し、「職場では努めて明るく、危機のときこそ笑顔を忘れず」に行動をしています。

「SOFT」とは、

S：「SPEED／スピード」「SIMPLE／シンプル」
O：「OPEN／オープンマインド」「OPPORTUNITY／機会平等」
F：「FAIR／公正」「FLEXIBILITY／柔軟性」
T：「TRANSPARENCY／透明性」「TEAMWORK／協調性」

の頭文字をつなげた造語です（日本電子の先輩で、日本デルコンピュータ会長だった吹野博志さんから学んだコンセプト）。

●「SPEED／スピード」

仕事が発生したときは、誰かが手を挙げるのを待つのではなく、気づいた人がすぐに対処します。仕事を先送りせずに、すぐに反応する「打てば響く職場」が理想です。

●「SIMPLE／シンプル」

組織の構成やルールは、シンプルであることが原則です。ルールが複雑になると、社員の自主性が損なわれたり、スピードが失われてしまいます。

●「OPEN／オープンマインド」

価値観が多様化している現代では、異質な人、立場の違う人を受け入れる風通しのよさが必要です。

●「OPPORTUNITY／機会平等」

実力主義の職場では、男性にも女性にも日本人にも外国人にも健常者にも身障者にも、誰にでも平等に機会を与える必要があります。

●「FAIR／公正」

人事評価基準が明確にして、公正さにこだわらなければ、実力主義は機能しません。

●「FLEXIBILITY／柔軟性」

想定外の事態が起こったときは、「前例主義」にとらわれず、柔軟に対応することが大切です。「前例がない」からといって硬直的に物事を判断したら、イノベーションを起こすことはできません。

●「TRANSPARENCY／透明性」

情報をブラックボックス化すると、社内の風通しが悪くなります。

当社では、財務諸表を社員に公表しています。また、営業グループ別、個人別の受注や粗利の進捗状況も公開しています。

●「TEAMWORK／協調性」

仕事は、個人主義で行うものではなく、「チーム」でするものです。チームワークを高めるために、当社では、社員旅行、パーティ、歓送迎会、海外パートナーとの懇親会など積極的にイベントを開催しています。

こうした場には、社員だけでなく、パートやビル清掃の方々にも参加していただきます。

ダイバーシティ経営でいちばん大切なこと

ダイバーシティの2つのメリット

「ダイバーシティ経営」「女性活躍促進」「一億総活躍時代」といった政府からのメッセージが産業界にも浸透しつつあります。

安倍晋三首相は、「女性管理職の割合を2020年までに30％以上にしよう（2014年は11・3％）」と呼びかけ、「女性活躍推進法」を成立させました。

日本レーザーでは、私が社長に就任した1994年以来、**国籍、年齢、性別、学歴を問わず、異質な人材、多様な人材を採用**しています。

女性社員比率は、パート社員も含めて「**30％**」。管理職に占める女性の割合も「**30％**」

です。

60歳以上の高齢者も全体の20％を超えたほか、一時は中国籍の社員が20％在籍しており、まさにダイバーシティ経営を体現しています（社員の平均年齢は、男性45・6歳、女性42・4歳）。


ダイバーシティ経営とは、「多様な人材を活かし、その能力が最大限発揮できる機会を提供する経営」のことです。

当社では、個人の状況に応じて雇用形態を選択できるため、子育て中の女性でも、病気を抱える社員でも、会社を辞めずに仕事を継続することが可能です。

ダイバーシティのメリットは、おもに次の「2つ」です。

① 人と比べなくなる
年齢や境遇などが似たような人が集まると、他人が気になります。しかし、年齢も性別も国籍も経験も違うと、互いに認め合い、**協力しながら能力を発揮**するようになります。

② お互いが刺激し合う

年齢や性別が似ている人の集まりは、安定していてすごしやすいかもしれません。けれど、安定は現状維持につながり、成長を止めてしまいかねません。

人材が多様であることは、**「他人を認め、自分の成長を追求する」**ことにつながります。

ダイバーシティをつくる「3つ」の条件

では、どうすれば、小さな会社でも、社内にダイバーシティの仕組みを取り入れることができるのでしょうか。

私は、次の「3つ」の条件を整えることが重要だと思っています。

●ダイバーシティ推進への3条件

① ハローワークを活用する

② 新卒一括採用をやめて通年採用にする

③ 透明性の高い人事制度をつくる

❶ハローワークを活用する

日本レーザーがダイバーシティ経営につながる人事・評価システムを導入することになったきっかけは、**「経営破綻による人手不足」**でした。

1994年、日本レーザーの社長に就任したとき、私の方針になじめない社員が次々と辞めてしまいました。

また、日本レーザーでは、日本電子の意向で次の社長が決まっていたので、生え抜き社員はどんなに実力があっても、社長にはなれない仕組みでした。

すると、社員のモチベーションは上がりません。

こうした人事は、役員や社長を目指す優秀な社員にとっては、面白いはずがない。

「このまま残っても、社長にも取締役にもなれない」と考え、商権を持って独立していきます。

私が社長になったとき、すでにレーザー輸入業界に日本レーザー出身社長が12人いました。社員を引き連れて出て行ったケースも多かった。

人材の補充は急務でしたが、求人費用はかけられないので、ハローワークに頼るしかありません。応募してきたのは、リストラに遭った高齢者、セクハラやマタハラ（マタニティハラスメント)で会社を辞めた女性、外国籍(外国人留学生)、海外留学・遊学で国内学歴のない帰国者などです。

彼らを採用したことで、日本レーザーは、結果的に労務構成がダイバーシティになっていったのです。

❷新卒一括採用をやめて通年採用にする

日本レーザーでは、原則として、学歴別、年次別評価の前提となる「新卒一括採用」をしていません。

学歴別、年次別の賃金体系は、建て前上は男女平等でも、運用では男女で差がつくことがあります(ここ数年は、新卒者が4月に入社していますが、これは「日本レーザーで働きたい」という本人たちの熱意を汲み取った例外的な採用です)。

性別や国籍を問わず、通年採用をしていて、ホームページで常時募集しています。

名古屋支店の小澤政孝は、大手企業2社から内定をもらっていました。

ところが、長野県の伊那にある実家の父親が病に倒れ、卒業後は田舎に帰って家業を継ぐよう要請されたため、2社の内定を返上したのです。

幸い父は一命をとりとめ、息子は実家に帰らなくてもよくなりました。

しかし、一度内定を返上した小澤に二度と内定通知は届きませんでした。

内定がないまま卒業したところ、日本レーザーのホームページに通年採用があることを知り、5月に入社。今は名古屋支店で勤務しています。

一度世間の冷たい風に触れただけに、今、懸命にレーザービジネスを勉強しています。


経済産業省も厚生労働省も、ダイバーシティ経営を推奨していますが、私は「**新卒一括採用をやめない限り、ダイバーシティ経営はできない**」と考えています。

新卒一括採用をしなければ、多様な人材を中途採用するしかありません。

私はよく、「日本レーザーの業績がいいのは、最先端の商品を扱っているからですか？」と聞かれますが、それは違います。

新卒一括採用をしていないからです。

多様な人材が能力に応じて働き、業績や貢献度によって評価される仕組みをつくったからこそ、ダイバーシティが成立したのです。

ダイバーシティは、日本レーザーの「根本的な姿勢」であって、**社会福祉のためではありません。**

「人を大切にする経営」を追求した結果が、ダイバーシティなのです。

❸透明性の高い人事制度をつくる

私は、透明性と納得性が担保されているのであれば、「たとえ社員間の年収格差があっても人は辞めない」と考えています。

社員の努力や貢献に対して、会社が公平に評価し、報酬として還元しなければ、社員のモチベーションは維持できません。

◉透明性

「何をやったら本給が上がるのか」「何をやったら手当がつくのか」「何をやったら昇格するのか」、その基準を明確にしておくこと。

◉納得性

社員が会社（上司）の評価を受け入れることができるように、徹底的に話し合うこと。

私が社長就任当時、日本レーザーの人事制度は、親会社にならって年功序列的な差がつきにくいものでした。

たとえば、ボーナスは、「半期で本給の２か月」を基準とし、評価が低い社員には「１・９か月」、優秀な社員には「２・１か月」支給します。つまり、やってもやらなくても、「０・２か月」分の差しかつかなかったわけです。

「定時に出社して、定時で帰宅する社員」と、「朝３００キロ走って長野でデモを行い、その後３００キロ走って会社に戻ってきて、それからドイツにＦＡＸを送ったり電話をかけたりして夜10時まで働く社員」のボーナスの差が「０・１か月」しかなかったのです。

やってもやらなくても評価に差がつかないのなら、社員のモチベーションは上がりません。働くすべての人に公平にチャレンジする機会を与え、結果に対しては誰もが納得できるよう、**公正に評価**することが大切です。

公正な評価をするためには、社長ひとりが鉛筆をなめるのではなく、**役員全員が全社員の評価をしたあとに社長とともに長時間論議し、役員間の基準や価値観の調整を毎回行う**ことが重要です。

私も役員とともに、はじめは1泊2日で人事評価をしていました。

学歴、性別、国籍、障害の有無にこだわらずに人を雇用するためには、時代や環境変化に合わせて制度をつくり変えていく必要があります。

どうすれば、小さな会社でもグローバル人材が育つか？

中小企業のグローバル化が急務

日本レーザーは、海外から最先端のレーザー関連機器を輸入・販売する専門商社です。売上の「90％」を輸入販売が占めており、世界中の企業と取引をしています。

私自身、「企業も人も、日本と海外という垣根を超えた活動が普通になりつつある」とひしひしと感じています。

「海外での事業展開」や「海外企業との取引」は、もはや大企業だけの話ではありません。

国内市場が頭打ちになっている今、多くの企業が海外に活路を見出しています。

海外展開に意欲的な企業はもとより、飲食店や小売店といったサービス業でも、グローバル化の兆しがうかがえます。訪日外国人が急増しているからです。

人材のグローバル化もさかんです。

外国人採用の実績がなかった中小企業でも、外国人採用が徐々に進んできました。

日本レーザーでは、日本人でも外国人でも区別なく採用していて、中国生まれの正社員を5名（そのうち2人は日本に帰化。ひとりは永住権）、韓国籍の社員を1名採用した実績があります。また、海外メーカーのドイツ人、フランス人社員を給料折半で雇用したこともあります。いずれも日本人女性と結婚して帰国しました。

これまで、外国人との交流がなかった中小企業でも、これからは無縁ではいられないでしょう。

どんな業種・業態でも、国内のやりとりだけで完結するとは限りません。

「海外出張に行く」「同じフロアで外国人が働いている」「海外からのお客様を受け入れる」といったグローバル化が、日常的になるはずです。

ですから、大企業だけでなく中小企業でも、「グローバル人材」の育成が求められているのです。
では、グローバル人材とは、どのような人材を指すのでしょうか。
グローバル人材には、次の「4つ」が必要だと思います。

●グローバル人材に必要な4条件

① 英語によるコミュニケーション能力があること

英語によるコミュニケーション能力は、会社の教育制度と、本人の自主的学習によって高めることができます。TOEIC（990点満点）は情報処理能力を示すものなので、TOEICのスコアが高いからといって、流ちょうな英語力があるわけではありません。

外国人とコミュニケーションを取るには、会話力が必要です。

② 自分の意見を持ち、自己主張できる

社員本人の努力以上に、企業風土が問題になります。異なった意見が自由に述べられる風通しのいい風土が必要です。

③ 異なった価値観や文化に敬意を持つ

文化に優劣はつけられないので、異なった価値観や文化に敬意を持ち、認められることが重要です。

④ 日本の歴史、文化、ビジネスについて外国人に伝えることができる

日本の歴史や文化、日本人特有の習慣や考え方を理解したうえで、異文化の相手に説明することが大切です。

以前、当社に、陳秀媛《ちんしゅうえん》という中国人女性がいました。

10年以上前の話ですが、彼女は27歳のときに日本に帰化して、林美希に生まれ変わりました。

非常に優秀な営業員だったので、私は「このまま日本レーザーで働いてほしい」と思っていたのですが、半年後に会社を辞め、アメリカに渡りました。

当社を辞めるとき、彼女はこう言いました。

「アメリカの大学へ行って、英語を勉強してＭＢＡ（経営学修士）を取りたいと思っています。これからの世界の中心は、日本、中国、韓国、台湾などの東アジアです。ここで活躍できる条件は、英語と日本語と中国語が流ちょうに話せて米国のＭＢＡを持っていることです。そうすれば、シンガポールでも上海でも東京でも、どこでも活躍できるはずです」

この女性のチャレンジに、ほかの社員は圧倒されました。

こういう人材がいることで、会社は活性化し、組織は変わります。

これからの時代、小さな会社こそ「英語力」なしでは生き残れない理由

企業の命運を決める「2つ」の力

企業活動がグローバル化すると、「英語力」は欠かせません。これからの時代は、「英語力なしでは生き延びることはできない」と思います。

英語力は、大きく「2つ」の力に分けられます。**「情報処理力」**と**「会話力」**です。

①情報処理力／英語の資料を読んだり、ビジネスレター（海外のパートナーとのメール）を英語で書いたりすることができる

②会話力／ネイティブのように完璧である必要はないが、英語でのディスカッションができる

❶ 情報処理力

日本レーザーでは、TOEICスコアを人事考課に連動させています。スコアによって、社員の「情報処理力」を評価できるからです。

スコアによって月額0〜2万5000円の手当を支払っています。500点未満の社員と、900点以上の社員では、**年間最大30万円の差**がつきます。

スコアは、「リスニング力」と「リーディング力」によって決まるため、点数がいいからといって、「会話力（スピーキング力）」は判断できません。

しかし、「**情報処理力**」を見極めるにはうってつけです。

人から情報を得るには、「リスニング力」が必要ですし、ウェブの英語の文章から情報を得るには、「リーディング力」が必要です。TOEICスコアによって、英語収集力は明らかに差がつきます。

また、TOEICは、200問を2時間で解答するので、英語力のほかに、**集中力、注意力、判断力、体力、日本語の情報処理力**（設問の意味を理解しなければいけないため）を鍛える訓練にもなります。

私がＴＯＥＩＣを初めて受験したのは、63歳のとき。「社員に受験を義務化し、スコアに応じて手当を変えているのに、社長が受験しないのはフェアではない」と思い、受験しました。結果は８５５点。そのときの社員の最高得点は、９６５点でした。

会社が英語力アップを支援し続けた結果、ＭＥＢＯで独立した当時12人いた５００点未満の正社員は現在４人まで減りました。

飛行機に乗ったこともない社員でもTOEIC985点が取れた秘密

システム機器部の谷口透は、入社時に、ＴＯＥＩＣ９６５点という高スコアを取っています。

しかし彼は、日本レーザーでトップクラスの英語力を持っていながら、英会話学校に通ったことも、海外留学の経験もないそうです。それどころか、当社に入社するまで、**飛行機に乗ったこともありません**でした。

彼の英語歴は特別なものではなく、「学校英語」を学んだだけです。英語に触れたのは、中学に入学してから。

それなのにどうして、高得点を獲得できたのでしょうか。

彼は、1歳のときに父親を亡くしています。

父親は生前、母親に「これからの時代は、英語が絶対に必要になるから、しっかり勉強させてほしい」と頼んでいたそうです。

そのことを知った彼は、父親の教えを守り、中学への入学を機に、英語の勉強を始めました。しかし、経済的な理由で、塾や英会話学校に通うことはできません。

そこで彼は、中高の6年間、英語の教科書（中1から高3まで計6冊）を暗記するまで音読することにした。そして見事、神戸市外国語大学に入学しました。

大学に入ったあとも、彼の努力は続きます。

「英語をマスターしたい」という友人と、「今日から卒業するまで、英語だけで会話をしよう」と約束して、一切日本語を使わなかったそうです。

彼の英語力は、愚直な努力の成果にほかなりません。特別な教育を受けなくても、海外に留学しなくても、**「中学、高校の教科書を何度も音読する」**だけで英語力は身につくのです。彼はその後、ほぼ満点の985点を獲得しています。
谷口は、英語学習のすばらしいロールモデルと言えるでしょう。

私が英会話につまずいたいちばんの理由

❷ 会話力

日本の英語教育は、情報処理力（リスニング力とリーディング力）に重点を置いているため、「会話は苦手」という人が少なくありません。

私も、40歳で日本電子の米国現地法人に赴任したとき、会話で苦労した経験があります。現地社員の話す内容は聞き取れるのに、「自分が言いたいこと」を十分に伝えられなかったのです（ストレスで二度、胃潰瘍になりました）。

私が会話につまずいたのは、英語の「語順」にとまどったからでした。

日本語と英語では、主語、述語、修飾語の並びが違います。語順のパターンが体感的にわかっていないと、頭の中で「日本語と英語の語順を並べ替えて処理する」ため、会話のスピードについていけません。

そこで私は、『必ずものになる話すための英文法　中級編Ｐａｒｔ１』（市橋敬三著、研究社刊、１９８４年）などをテキストにして、**例文を何度もひたすら音読**しました。音読を繰り返すと、基本的な構文を「体で覚える」ことができるため、会話力が向上します。

「社長塾」や「覚悟塾」で会話力を鍛える

日本レーザーでは、ここ数年、ボストン、フランクフルト、コロラド、台湾など、海外の大学からインターンシップとしてネイティブスピーカーの学生を8人受け入れています。受け入れ期間は1～3か月間です。

期間中は、インターンにも、「社長塾」に参加してもらいます。

インターンがいるときは、日本語のテキストを使わずに、英語でディスカッションやディベートをします。「英語しか使ってはいけない」というルールなので、会話力を鍛えることができます。

親会社（日本電子）から独立する前の時代から勤めている社員には、TOEIC500点未満の社員もいます。そこで、彼らを対象に、英語が堪能な役員が講師を務める**「覚悟塾」**を開いて、英語力の底上げを図っています。

また、正社員ではない嘱託社員やパートタイマーにも、eラーニング（インターネットを利用した英語学習）や、英会話学校とタイアップした社内での英語教室を推奨しており、希望者には**費用の3分の2を補助**しています。

海外企業と取引をする当社では当然ですが、訪日外国人数が年間2400万人（2016年）を超えた時代に、いかなる企業でも社長は、社員の英語力向上に意識改革を進めるべきなのです。

60歳定年後も70歳まで再雇用できる仕組み

60歳超の社員比率が2割

高齢者の活躍は、技術継承と営業ノウハウの蓄積を進めるうえで、とても重要です。

当社の定年は「60歳」ですが、退職金支給後に、全員を嘱託契約社員として再雇用すれば「65歳」まで、誰でも無条件で働くことができます。

さらに「70歳」までは、会社が必要とすれば再再雇用する制度があります（将来的には、80歳に延長予定）。現在、**60歳を超える社員は全体の20%**です。

年収は、65歳までの再雇用社員は賃金のみで、65歳以降の再再雇用社員は、年金を含めて420万〜540万円（平均480万円）です。

現在、定年再雇用で仕事をしているのは4人。そのうち2人はグループ長として活躍しています。このほか、常務は64歳で退任しますが、同日付で嘱託雇用社員として再採用し、1日7・5時間働く顧問となります。今、69歳と67歳になる役員OBがいます。

再雇用社員の雇用契約は、総合評価制度に基づいて1年ごとに更新します。

契約内容を毎年見直して、本人の意欲や働き方の希望に沿うようにしています。

たとえば、定年まで支店長を務めた元社員は、「通勤まで2時間かかるので60歳で退職する」という希望でした。

そこで私は、通勤に時間を取られないように、**「在宅勤務」での再雇用を提案**しました。

ところが、家で仕事をしていると、地域住民から頼まれる仕事が増えてきて、63歳で退職しました。

また、再雇用後に、本人の健康や家族の介護などを理由に退職する人もいます。

このように、60歳をすぎると、働き方のニーズが多様になります。そのニーズに応えるために、**1年ごとに契約を更新**しています。

日本レーザーの目的は、「生涯雇用を守る」ことですから、高齢者であっても、本人が希望すれば雇用を保障します。

会社から契約更新を拒否したり、会社都合の解雇をしたことは一度もありません。

女性社員には「貢献」を、高齢社員には「献身」を求める

私は、女性と高齢者に求めるものが違います。

女性に求めるのは**「貢献」**、そして、高齢者に求めるのは**「献身」**です。

子どもがいる女性は、妻であり、母親であり、勤労者です。

ひとりで「3役」をこなさなければならないので、「会社に身も心も捧げる」ことは難しいと思います。ですから、

「業績への『貢献』は期待するが、会社へ献身しなくていい。家族優先でいい」

というのが私のスタンスです。

一方で、高齢者には、

「人生の最後の献身をしてほしい。技術を継承し、後輩を育ててほしい」

と考えています。

ですから、「孫の相手をしているよりは仕事をしていたい」とか、「年金が支給されるまでの少しの間、お金を稼ぎたい」という人は採用しません。

これからの時代、高齢社員も、「知識や技術を磨いて、時代や経営環境の変化に対応する」ことが求められています。

そこで、嘱託雇用契約社員に対し、ひとりひとり異なる課題リストを渡し、能力や貢献別の総合評価を実施しています。

高齢者には健康上の問題もありますから、会社を休むこともあります。それでも気持ちだけは、「人生の最後の献身をする」「身も心も会社に捧げる」「責任感を持って仕事に取り組む」ことを期待しているのです。

社員が辞めないのは、会社がもうひとつの「家族」だから

38歳「初産社員」が出産後も仕事を続けた理由

営業アシスタントである篠塚美鈴は、出産後に復職。母親として、事務、営業部門のプロとして、仕事と家庭を両立させています。

「子どもが風邪をひいたりすると、どうしても仕事を休まなければなりません。『休んでしまって申し訳ないな』と思うのですが、そんなときでも、まわりの人たちが快く受け止めてくれるんです。

休むことに対して、非難されたり嫌味を言われたりしたら、働きにくくなって辞めてしまったかもしれません。けれど当社では、そういうことが一切ありません。とても雰囲気

がよくて、もうひとつの『**家族**』のような感じがします」（篠塚）

38歳で初産だった篠塚が復職した当初は、体力的にも、「続けていけるのかどうか、不安になった」こともあったそうです。

それでも篠塚が育児と仕事の両立を選んだのは、日本レーザーが彼女にとって「家族的」だったからです。

「自宅にいるのも、ここ（会社）にいるのも、私にとっては日常です。わが子の成長を慈《いつく》しむのと同じように、日本レーザーの社員が成長し、変わっていくのを見るのがうれしいんです。新卒社員が成績を上げると、『あぁ、立派になったな』と思うこともあります（笑）」（篠塚）

彼女の仕事は、営業のバックアップです。自分で注文を取ることはありません。けれど、自分がバックアップしている営業員の成績が上がると、彼女は自分ごとのように喜びます。自分の成績にならなくても篠塚が労をおしまないのは、彼女に利他の心があるからで、さらに彼女にとって日本レーザーの社員が、**もうひとつの「家族」**だからです。日本レーザーが家族的なのは、篠塚のように「人の役に立ちたい」という利他の心がある社員が多いからだと思います。

篠塚は、**入社して以来約20年間、観葉植物に水を与えています**。私が頼んだわけではありません。彼女が自主的に始めたことです。

観葉植物を育てるのは、会社として決められた仕事ではありません。水を与えたからといって人事評価がよくなることも、年収が増えることもありません。けれど、彼女の「目に見えない努力」と女性らしい心遣いは、会社の風土を明らかによくしています。

日本レーザーは、家族的です。とはいえ、子どもや兄弟を甘やかしたり、過保護にすることはありません。あくまでも**実力主義**です。社員の能力や貢献度を客観的に評価しています。

社員ひとりひとりが個性を発揮し、それでいてバラバラにならずに協力し合うのは、「**理**

念を共有していること」にほかなりません。

MEBOが成功した背景

海外とのビジネスは、ある意味で切った張ったのシビアな世界です。日本レーザーは、ほかの中小企業よりも外的要因に左右されやすく、赤字になるリスクも倒産するリスクも高い。そういう不安定なビジネス環境にありながら、当社の社員は、社内の空気の中に、家族のような一体感を覚えています。

MEBO前の日本レーザーを知る野中美由紀（総務課長）は、「独立する前とあとでは、社員の一体感が違う」と話しています。

「一般的に株式投資をすると、『その企業を応援したい』と思うものです。私たちの場合は出資するだけでなく、出資する会社の社員でもあるわけですから、他人事ではありません。独立して株式を取得したことで、社員同士の心のつながりが強くなったと思います」（野中）

確かに、MEBOは、組織の一体感を醸成する要因のひとつです。

しかし、MEBOという制度を導入すれば、どんな会社でも一体感が生まれるのかと言えば、そんなことはないと思います。

日本レーザーに一体感があるのは、「MEBOをする前」から理念経営に力を入れ、方針を共有し、「土台」をつくってきたからです。

「人を大切にする経営をするためには、会社は必ず利益を出さなければならない。なぜなら、利益は雇用の手段だからである。利益がなければ、人を採用することも雇用し続けることもできない」

こうした**私の思いを社員が共有**しているからこそ、MEBOは成功したのです。

ハイテクながらアナログな社風

システム機器部の主任である富田恭平は、名古屋大学出身です。

彼が学生だった頃、当社の鶴田逸人は、名古屋大学に「ナノスクライブ」というレーザー描画装置を納入していました。

鶴田から「名古屋大学に、冨田という優秀な大学院生がいる」という報告を受けた私は、冨田に声をかけてみることにしました。

「当時の私はまだ院生で、社会人として働く姿がイメージできませんでしたが、それでも、日本レーザーには、自由に動ける雰囲気を感じたんですね。それに、鶴田さんが『うちの会社、みんなやさしいよ』とおっしゃっていたのが印象的でした」（冨田）

レーザー機器のようなハイテクは、「やさしさ」といったアナログ的な感覚とは対照的に思えます。

けれど、日本レーザーの社員は、家族的なやさしさを持っています。

英語を道具としてハイテク機器を扱い、技術の最先端で活躍しながら、社員の心根はアナログで家族的。それが日本レーザーの大きな特徴と言えるでしょう。

第3章

なぜ、女性を大切にすると利益が上がるのか?

第一子妊娠・出産で女性社員が退職した例は「ゼロ」

育児休暇後に復帰したくなる4つの理由

男女雇用機会均等法が施行されたのは、1986年。これは、職場での男女平等を確保し、女性が差別を受けずに、家庭と仕事が両立できるようつくられた法律です。妊娠や出産を理由に退職を強要したり、不当な配置換えをしたりすることも禁止されています。

当時、第一子の妊娠・出産で退職する女性社員は「60%以上」で、残念ながらその比率は、現在でもあまり変わっていません。

子育てしながら仕事を続ける女性は、「3人にひとり」というのが実態です。

一方、日本レーザーでは、**女性社員が第一子の妊娠・出産により退職した例は一度もありません。全員が、育児休暇後に復帰**しています。

女性の活躍推進の度合は、「3段階」に分かれると言われています。

- **第1ステージ／第一子の妊娠・出産で退職する社員が60％いる段階**
- **第2ステージ／出産・育児があっても退職をせず仕事を継続する段階**
- **第3ステージ／女性管理職が30％、役員の10％が女性という段階**

当社には、まだ女性役員はいないので、「2・5ステージ」といったところです。

では、どうして日本レーザーでは、女性が出産後も会社を辞めず、めざましい活躍を続けることができるのでしょうか。理由は、大きく「4つ」あると思います。

①　公平な「評価基準」がある（↓174ページ）

②　社員の事情に合わせて「個別管理」をしている（↓175ページ）

③　「ダブルアサインメント」と「マルチタスク」を導入している（↓178ページ）

④　目指したい「ロールモデル」がいる（↓184ページ）

❶公平な「評価基準」がある

日本レーザーでは、性別も学歴も国籍も関係なく、全員にチャンスを与えています。事務職員に海外出張に行かせているのも、その一例です。

そして、社員の成長に合わせて、公平、公正に評価します。

成果を出した社員には、それに見合った収入とポストが与えられる仕組みです（個人の成果を社内報で公表）。

性別、学歴、国籍を考慮しない実力主義の待遇は、年収格差も大きくなりますが、人事評価制度を可視化してフェアに運用しているので、納得性も高い。女性社員のモチベーションも高くなっています。

女性は、結婚や子育てなど人によってワークスタイルが違います。

しかし、この会社で働く仲間としては、全員、平等です。

正社員でないと、働く喜びを得られない仕組みはおかしい。

年齢、性別、学歴、国籍にかかわらず、日本レーザーで働くすべての人に、自己実現と自己成長の機会と環境を提供したいと考えています（日本レーザーの人事評価制度については、189ページ以降で詳述）。

雇用契約は、「人によってバラバラ」が正しい

成果を出してもらえば、働き方が他者と違ってもかまわない

❷社員の事情に合わせて「個別管理」をしている

人の力を活用するには、社員の事情に合わせた個別管理が必要です。

日本レーザーでは、雇用契約も個別対応です。

- **パート社員**（1日4時間までの勤務）
- **嘱託契約社員**（1日6〜8時間までの勤務）
- **正社員**（1日8時間勤務）

など多くの雇用形態があります。

「週3日は在宅勤務で7時間働き、週2日は出社して4時間働く」という**特殊勤務形態**の

社員もいます。

正社員は、育児や介護、病気療養時に「短時間勤務制度」を利用することができます。勤務時間を「6時間」まで短縮できる制度ですが、この制度を希望する女性社員はそれほど多くありません。

なぜなら、日本レーザーは、もともと残業が少ない会社であり、残業代は15分単位で支払っていますが、月平均残業時間は「10時間未満」をメドにしているからです。

個別管理をしている理由は、

「定められた時間内できちんと成果を出してもらえれば、始業時間や就業時間が他者と異なってもかまわない」

と考えているからです。

就業時間が人によって異なっていても、管理上は問題ありません。

子どものお迎えの関係で、就業時間を17時15分（通常は17時30分）に前倒しすることを認め、その代わり、15分早く出勤することで対応したこともありました。

しかし、異なる時間に出勤、退社する社員がいることを全社員が知っていないとトラブルになりかねないため、社員に繰り返し周知しています。

ライフスタイルの変化に合わせて、雇用形態を変えることもできます。

パート社員として勤務していた女性が、子育てがひと段落したあとで、嘱託契約社員へ切り替えるケースもめずらしくありません。

前述した野中美由紀は、銀行でＳＥとして働くも、出産を機に退職。その後、日本レーザーでパート採用しました。

当初は１日４時間勤務でしたが、子どもの手がかからなくなったため、１日８時間の嘱託雇用契約に変わっています。ＴＯＥＩＣを５００点取れれば正社員になれますが、これは本人の選択です。しかし、役職は総務課長・社長秘書です。

また、経理課長の長野麻由美は、派遣社員から正社員になっています。

「勤務時間や休暇の融通がきく」という理由で派遣社員を9年間続けていましたが、10年目を境に正社員・課長格に雇用変更しています。

子育てを理由に一度離職すると、再就職するにしても、時間的な制約で、正社員での復職が難しい場合があります。

しかし、**パート社員で入社して、その後、契約社員や正社員へ移行する道**をつくっておけば、ライフスタイルに合わせたキャリア形成が可能になるのです。

なぜ、ひとつの業務に2人の担当者を配置するのか？

特定の人しかできない「属人的な仕事」をなくす

❸「ダブルアサインメント」と「マルチタスク」を導入している

当社では、「ダブルアサインメント」と「マルチタスク」を導入して、「子育てと仕事の両立」を支援しています。

●ダブルアサインメント／2人担当制。取引先1社に対して担当者を2人配置する
●マルチタスク／ひとりが複数業務や取引先を担当する

「ダブルアサインメント」は、ひとつの業務を2人で担当する仕組みです。

出産や急病で担当のどちらかが不在になっても、残っているもうひとりが対応できるので、取引先にも同僚にも迷惑をかけません。

ダブルアサインメントの導入は、２００７年から。そのきっかけは、当時の営業職、方《ほう》倩《けん》（故人）の夫の海外転勤です。

方は、中国出身です。

中国の大学を卒業後、日本へ留学。日本の国立大大学院に入学し、修士号を取得。

日本での就職活動中に日本レーザーの面接を受ける機会を得て（レーザー業界誌を発行する会社の社長の紹介）、入社しました。

最初は営業アシスタントとして社内業務の流れを学び、その後、営業職へ転身します。

仕事にも積極的で、順調にキャリアを積んでいきましたが、結婚を機に、ひとつの決断を迫られることになりました。

結婚してほどなく、夫に、1年間の上海勤務の辞令が出たのです。

「退社しなければならない」と悩んでいた方に、私は退社しなくてすむよう**海外での在宅勤務**を認めました。

メールや電話で東京本社や取引先などに連絡をする仕事です（1年後、東京本社に戻ってきました）。

ところが、方が上海にいる間は、彼女が担当していたドイツのメーカーの製品がなかなか受注できませんでした。

方が専属で担当しており、彼女以外に、十分なフォローができなかったことが原因でした。「この人でなければ、この仕事はわからない」という属人的な状態になっていたのです。ひとり体制では、社員に何かあったときに、取引先や仕事を失いかねない。そう思った私は、ダブルアサインメントを導入することにしました。

現在、営業の場合は、男性と女性がパートナーを組み、どちらかが休んでも業務が進むようにしています。

経理や人事などの専門職は、ダブルアサインメントが難しい部門ですが、男性上司との共有をしています。

管理部長の別府雅道は、私がボストンの米国支配人をしていたときの部下で駐在員の人事管理と経理の決算業務を行う管理部門担当でした。

それだけに、2人の女性の課長が不在になっても業務は滞らないのです。

ダブルアサインメントは、**女性活躍の条件だけではなく、会社としてのリスク対策でも有効**です。

業務部・販売促進グループ課長の橋本和世は、ダブルアサインメントや女性社員の活躍の裏側には、「**女性社員に対する男性社員の公平性がある**」と感じています。

子育て中の女性とダブルアサインメントをする場合、男性側に負担がかかることがあります。

それでも売上は2人でシェアするわけですから、普通なら男性側から不満が出ても仕方がありません。けれど当社の男性社員には、抵抗感がなく、不満や不公平感を口にすることがありません。

日本レーザーの社員が他人を妬まないのは、**自己効力感が育っている**からかもしれません。社員の多くは、他人と比較すること自体に興味がないようです。

彼らにとって大事なのは、自分のやりたいことをやり、自分のやるべきことをきちんと遂行することで、それをやるだけの自信も持っている。

だから、他人の足を引っ張る必要がないのです。

マルチタスクは社員のためにある

1社に担当を2人置くと、人件費が2倍になります。

得られる利益が同じなら、人が増えた分、赤字になります。

そうならないように、ダブルアサインメントと同時に導入したのが、「**マルチタスク**」です。ひとりの社員が、複数の仕事（取引先）を受け持ちます。


営業職で最も多くマルチタスク化している社員は、「5社」程度担当しています。

複数のメーカーの製品やアプリケーション、市場についての知識を持つことは簡単ではありません。


たとえば、当社の扱うドイツ製品と米国製品では、技術も市場もまったく異なります。

品目が違えば、それぞれゼロからの勉強が必要です。


この仕組みには、社員本人の成長意欲や「他人のために働く」という献身性が大切なので、**その姿勢を評価項目の中に組み入れています**。

マルチタスク化は、新しい分野の勉強をしなければならないため、社員にとっては苦労をともないます。しかし、結果的に自分の売上実績が伸びれば賞与に反映されます。

また、1社しか担当していないと、その1社が倒産したり、当社との取引を切られたら、自分の仕事がなくなってしまいます。

つまり、マルチタスクは、**社員のジョブセキュリティ(自分の仕事の確保)にもなっているわけ**です。

なぜ、出産しても辞めないのか？

ロールモデルは、日本レーザーの宝

❹目指したい「ロールモデル」がいる

ロールモデルとは、「あるストーリーを持った社員」のことです。

必ずしも成績が優秀である必要はありません。

「一芸に秀でた社員」「模範的な社員」「育児と仕事を両立している社員」「障害を抱えながら会社に貢献する社員」もすべて、ロールモデルです。

日本レーザーでは、**全員がロールモデル**であり、**全員が日本レーザーの代表**です。

社長の私が「こうしろ、こうなれ」というより、「日本レーザーの理念を体現している社員」＝「ロールモデル」をたくさんつくったほうが、社内の空気は活気に満ちたものになります。

当社には、総務課長の野中美由紀、経理課長の長野麻由美のほかにも、さまざまなロールモデルが存在します。

営業事務員として採用した平澤亜希は、当初、「結婚したら退職して、その後は英語力を活かして観光通訳をしたい」と話していました。そんな彼女の気持ちが変わり、「営業の仕事をしてみたい」と思うようになったのは、方《ほう》（↓179ページ）の活躍を目の当たりにしたからです。

本人の希望どおりに職種変更したものの、実績はなかなか上がりませんでした。しかし、今ではレーザー&フォトニクス2部の副課長です。海外メーカーの担当者からも一目置かれる存在となってきました。

大阪支社の奥田明子は、「努力して目標を達成した見本」のような人材です。

奥田は、ハローワーク経由で、営業事務員として入社。入社当時、TOEICは700点台でしたが、非常に勉強家で800点になり、900点になり、現在は985点。ほとんど満点の成績です（TOEICは990点満点）。

英語だけでなく人柄も抜群で、社員からも取引先からも評価されています。女性社員の中でも、非常に早い段階で課長になっていて、海外メーカーからは、「奥田さんを支店長にしてほしい」という声が挙がるほどです。

30代で転職をしてきた橋本和世は、「子育てを重視したい」という希望があったので、「在宅勤務」を基本にしていました。

ただ、在宅だけでは同僚との情報共有や一体感が生まれませんから、「週3日は在宅、週2日は出社」という特殊な勤務形態でした。

しかし、下の子が中学生になったのを機に、1日7時間の正社員課長になり、毎日茅ヶ崎から出勤しています。

妊娠・出産しても「辞めよう」と思わない理由

業務部・購買グループの黒肱《くろひじ》香里は、「出産後に会社を辞めるという選択肢はなかった」

と話しています。

「日本レーザーには、私よりも先に出産、復帰を経験されている方が3人いらっしゃったんです。もし、復帰した女性がひとりもいなかったら、『復帰するのは難しいのかな』と思ったのかもしれませんが、実際に戻って育児も仕事も両方頑張っている姿を見ていたので、自然な流れとして復帰することを思い描いていました。上司も『戻ってくるのが前提』だったと思います」（黒肱）

黒肱は保活（子どもを保育所に入れるために保護者がする活動）に苦労して、当初予定よりも復帰が2か月遅れたのですが、その間は、派遣社員の雇用期間を延ばすなどして対応しました。

「保育園探しにすごく苦労しまして、予定どおりに復帰できなかったんです。復職に影響が出るかもしれないと焦ったことも、『これでもう、自分は職を失うのかな』という危機感もありました。けれど、社長も上司も、『見つかるまで待つよ』と言ってくださったんです。戻れる場所をつくってくださったことに、本当に感謝しています。実際に戻ってみて、改めて『やる仕事があるって、いいことだな』と感じています」（黒肱）

私が「勉強しろ」「もっと頑張れ」と言うより、「実際に活躍している女性」の姿を見せるほうが、あとに続く女性への影響は強いのです。

社内にロールモデルがいると、社長が大きな声を出さなくても、社内に活気があふれるようになります。

ロールモデルは、日本レーザーの宝なのです。

年収格差があっても、文句が出ない本当の理由

納得性と透明性のある人事評価制度を構築

日本レーザーでは、上位層の社員には、業界他社と比較しても、どこにも負けない給料を出しています。下位層と比べると、倍の差がつくこともあります。

それほど差がついても社員が辞めないのは、納得できる**透明性のある仕組み**と、その**運用結果の納得性**があるからです。

日本レーザーは、1993年暮れに債務超過に陥ったあと、翌年春に私が社長となり、それ以来、人事制度・賃金制度のすべてを根本的に見直し、現在も毎年のように改定をしています。

経営者というのは、「営業に強い」「技術に強い」など、何かしら本業に関する強みを持っているものです。

しかし、私の場合、電子顕微鏡については熟知していても、**レーザーについては他の社員に比べれば素人も同然**でした。

では、自分にできることは何なのか……。

私は、日本電子時代に培った「労務」の経験を活かして、**人事評価制度改革**に乗り出しました。**人事評価制度は、社員の動機づけに直結**しているからです。

人事評価制度の基本となる考え方は、次の「**3つ**」です。

① **能力主義**

すべての社員に求める基本的な能力と、各職種に必要な実務能力を評価（↓191ページ）

② **業績主義**

会社の業績に対する社員の「目に見える成果」と「目に見えない貢献度」を評価（↓193ページ）

③ **理念主義**

会社の価値観をどのように体現しているか、当社の人材としてふさわしいかを評価（↓195ページ）

家族手当と住宅手当を廃止、能力別に手当を支給

❶能力主義

能力主義では、仕事に必要な「実務能力」と「基礎能力」を評価します。

家族や持ち家があれば自動的にもらえる「家族手当」や「住宅手当」は、持っていない人に不公平になるので廃止。一方で、本人の能力に応じた手当を支給しています（ただし、本給のカットや降格人事はしない制度）。

●実務能力

……商品知識や経理実務、修理など、職種によって求められる能力のこと。

●基礎能力

……「英語力」「PC／ITリテラシー」「対人対応力」の3つの能力のこと。

◉基礎能力1：「英語による情報収集力」

ＴＯＥＩＣのスコアに応じて評価します。一度、高いスコアを取ったからといって、安心はできません。８００点以上は2年に1回、８００点未満は毎年の受験を義務づけていて、スコアに応じて手当は変動します（受験しない場合は、自動的に1ランク下がります）。**年3回までは会社が受験料を負担**します。

◉基礎能力2：「PC／ITリテラシー」

パソコンや情報技術を使いこなす能力と活用実績を役員会が評価します。

◉基礎能力3：「対人対応力」

単なる「性格」とせずに、**社内風土づくりに貢献できる能力**として評価します。「この人から買いたい」「この人についていきたい」と思わせるのも大切な能力です。

相手に好印象を与える笑顔を「性格」ととらえると、手当をつけるのは問題ですが、日本レーザーでは、**「笑顔は、伸ばすことができる能力」**と定義しているので、手当をつけています。

粗利額の3%を当事者同士で分配する

❷ 業績主義

業績主義では、「**目に見える成果**」と、「**目に見えない貢献度**」を評価しています。

目に見える成果とは、営業の受注額や粗利額など、数字で見える成果のことです。

目に見えない貢献度とは、その数字を挙げるためにした努力や協力のことです。

業績主義の典型的な例が、「成果賞与」です。

日本レーザーでは、**粗利額の3%を成果賞与**として支給しています（売上で管理をしないのは、値引きなどを避けるため）。

この3%を**営業員と技術員で配分**します。
実際に、受注・売上計上するのは営業員ですが、技術員が受注のためにデモンストレーションや技術説明を行ったり、売上のために納入、アフターサービスを担当するなど、チームの支援やサポートがあって売上が確定し、粗利の実績が出ます。

そこで、商談成立に関わった当事者同士で、3%の粗利額を分け合っているのです。粗利額の3分の2を営業が取り、残りの3分の1を技術に割り当てるのが一般的ですが、デモから納入やアフターサービスまで技術員が担当するような場合は、半々になることもあります。営業員同士の協力の場合も分け合うことがあります。

毎年、7000件以上の受注がありますが、分配で揉《も》めたケースは1件もありません。こうすると、**直接受注を計上しない技術員にもインセンティブがつくため、技術員も受注に貢献**するようになります。

営業は、「技術がいるから受注が取れる」と考え、一方で技術も「営業がいるから受注が取れる」と考える。こうした企業風土ができ上がっているのは、会社が**数字にあらわれない貢献度にも目を向けているから**です。

「総合評価表」で企業理念の実践度を評価

❸理念主義

年2回、企業理念の理解度と実践度を評価します。

理念主義では、一般社員も幹部社員も、営業、技術、業務の職種にかかわらず共通項が27個あり、営業・技術・業務の一般社員と幹部社員にそれぞれ3項目個別の評価項目があります。

2017年から合計30項目、300点満点の「**総合評価表**」を運用し始めました。

資格や職種を超えて全社員が評価されるのは、理念の体現度、働き方、全社結束、道具としての英語力の4つのカテゴリです。

これに3項目ずつの職種別、幹部・一般別の評価項目があります。

「総合評価表」（↓196〜197ページ）に、それぞれ10点満点で10点、7点、4点、1点の4段階で評価します（各人と上司がそれぞれ評価）。

営業（幹部）	28	自己および担当部署の受注・粗利の成果を挙げている。						
	29	周囲の手本となるとともに、担当部署の部下指導を行っている。						
	30	他部署との連携・協調に努力し、会社の利益を優先している。						
営業（一般）	28	受注・粗利の成果を挙げている。						
	29	国内外の技術・製品・応用分野の知識を向上させている。						
	30	顧客や市場の新規開拓に常に努力し、応援団を増やしている。						
技術（幹部）	28	営業活動への技術支援を統制・管理している。						
	29	周囲の手本となるとともに、担当部署の部下指導を行っている。						
	30	他部署との連携・協調に努力し、会社の利益を優先している。						
技術（一般）	28	納入・修理・デモ等の技術力を向上させている。						
	29	国内外の新規事業・新製品の技術習得に努めている。						
	30	受注獲得のために営業活動を技術支援している。						
業務（幹部）	28	営業員や技術員のサポートを統制・管理している。						
	29	周囲の手本となるとともに、担当部署の部下指導を行っている。						
	30	他部署との連携・協調に努力し、会社の利益を優先している。						
業務（一般）	28	営業員や技術員のサポートに徹している。						
	29	現状に甘んじず、常に意識改革し、業務改善をしている。						
	30	社内の潤滑油として、明るい職場づくりに貢献している。						
			計		計		計	

総合評価表

総合評価チェックリスト 評価対象期間:　年　月〜　年　月 **※No.28 〜 30の3項目は各人の職責に応じた適切なもので評価**			氏名:		考課ランク
カテゴリ	No.	A:10点(非常に優秀)　B:7点(十分である) C:4点(あと一歩の努力)　D:1点(改善が必要)	自己評価	上司評価	役員決定
理念の体現	1	常に明るく笑顔で人に接している。			
	2	常にお礼の言葉や感謝の気持ちを表している。			
	3	仕事を通じて成長しようと努力している。			
	4	自分のためだけではなく、まわりのためにも働いている。			
	5	問題が起こったときには自身にも原因があると自覚し、他責にならず解決に努力している。			
働き方	6	会社から求められていることを、集中して達成している。			
	7	何事も細かく見、細かく伝え、細かく聞き、細かく確認している。			
	8	常に温かく、思いやりを持った言葉を発信し、人に気遣いをしている。			
	9	常にまわりの人を中心に考え行動している。			
	10	チームに役立つ情報の収集と伝達を行っている。			
	11	まわりに確認を取りながら、臨機応変に対処できている。			
	12	専門分野への研鑽を行っている。			
	13	何事にも、粘り強く、忍耐強く取り組んでいる。			
	14	5S(整理・整頓・清掃・清潔・躾)を徹底している。			
	15	時間管理を確実に行い、優先順位を考えた行動ができている。			
	16	報告・連絡・相談・確認を徹底している。			
	17	危機意識を持ち、未然防止に努めている。			
	18	積極的に行動し、プラスの発言をしている。			
	19	スピード感を持って行動している。			
	20	他人に依存せず、自力で成し遂げる意思を見せている。			
全社結束	21	心身の健康維持・向上に努力している。			
	22	所属するチームの成果を第一に考えている。			
	23	全体最適を考慮して業務を推進している。			
	24	上司やトップに異論がある場合は、遠慮なく自分の考えを進言している。			
	25	経営理念・トップの方針を認識して行動している。			
道具としての英語力	26	情報収集力を高めるためにListening, Reading能力を向上させている(TOEIC)。			
	27	発信力を高めるためにSpeaking, Writing能力を向上させている(TOEIC S&W)。			

評価は、役員が行います。**「全役員が全社員の全項目について評価する」**のが決まりです。その後、役員間の合意によって評価ランクが確定します。

役員5人で「社員A」を評価するとき、5人全員が同じ評価（同じ点数）であれば問題はありません。ですが、評価が割れてしまうことがある。その場合は、多数決で決めるのではなく、**全役員で話し合って点数を決めます**。

総合評価表には「30」項目あり、しかも、社員は55人いる。そのすべてを評価するのは、時間がかかります。以前は、総合評価を確定するために、1泊2日の合宿を行って、夜中まで話し合いをしていました。

しかし、10年以上合宿を続けた結果、役員の目線が合うようになり、現在では半日程度の会議ですむようになっています。

評価後は、必ず担当役員が本人と30〜40分の面談を行い、**直接説明**をしています。

会社の評価が本人評価よりも低くても、役員が「なぜこの評価になったのか」「どこをどのように変えていけば評価が上がるのか」を明確にすれば、社員は納得する。だから、仮に評価が低かったとしても会社を辞めません。

システム機器部の主任である冨田恭平は、「上司の評価と本人の評価は一致するか、あるいは上司の評価のほうが高い」と感じています。

私も日本電子時代に経験がありますが、本人評価（自分が自分に対してつけた点数）と上司の評価（上司が自分に対してつけた点数）は、たいてい違います。

上司の評価は、本人の評価の「7掛」がいいところで、本人が100点をつけたとしても、上司はせいぜい「70点」です。

上司の評価が自分の評価を上回ることはありません。

けれど、日本レーザーは違います。

本人の評価と上司の評価が一致するか、上司の評価のほうが上回ります。

どうしてこういうことが起きるのかと言えば、

「毎日、クレドを読んでいるから」です。

クレドには、「働き方の基本、望ましい姿勢、理念を体現する社員の条件」などを具体的に示してあるので、どのような働き方をすれば評価されるのか、全社員が理解しています。

クレドを拠りどころにして、自分の、あるいは部下の評価をしているため、評価が大きく変わることはないのです。

第4章

どん底から運をたぐり寄せるコツ

すべての問題は、自分の中にある

社長が変わらなければ、社員も会社も変わらない

会社が変わるには、社員が成長しなければなりません。

ですが、社員の成長は、「**社長自身が変わる**」ことが大前提です。

社長自身が変わらない以上、社員も企業風土も絶対に変わりません。

社長が変わるから社員が変わり、社員が変わるから会社が変わるのです。

私が妻に、「日本レーザーは確かに変わったけれど、何がいちばん変わったかと言えば、社員以上に、社長たるオレ自身が変わったと思う」と言ったところ、妻は、「まったくそのとおり。組合の委員長をしていたときのあなたは、傍若無人で、本当に嫌な人間だったた

わ」と笑いました。

社員の成長が会社の成長であることは間違いありませんが、それよりも先に、社長自身が成長しなければ、会社は絶対に変わらないのです。

「よからんは不思議、悪からんは一定とおもえ」

私の母方の祖父母が眠る韮山《にらやま》の本立寺《ほんりゅうじ》の山門に、次のような言葉が刻まれていました。

「よからんは不思議、悪からんは一定《いちじょう》とおもえ」

鈴木日顕住職にこの言葉の意味を尋ねたところ、

「物事がうまくいくのは不思議なことで、説明のしようがない。しかし、**悪くなったときには必ず原因がある**」

という答えをいただきました。

プロ野球の野村克也元監督の名言、「勝ちに不思議の勝ちあり。負けに不思議の負けなし」(江戸時代の大名、松浦清の剣術書『剣談』を引用したもの)と同じ意味です。

企業の再建は、「運」にも大きく左右されます。まさに「勝ちに不思議あり」です。能力と努力と成果に応じた処遇体系の導入、社員教育、新規商権・商品の開発といった手をすべて打っても、再建に成功するとは限りません。

経営危機が起きる5つの理由

一方、企業の破綻には、必ず理由があります。「負けに不思議なし」です。経営危機が起きるのは、おもに「5つ」の理由からです。

① 経営環境の変化に対応できない

② 顧客の減少と、連続した受注不振

③ 社内に危機感がなく、情報の共有化がされない

④ 迅速な抜本策の先送り
⑤ 不振の原因を外部環境のせいにする

①〜⑤の中で、特に留意すべきなのが
「⑤ 不振の原因を外部環境のせいにする」
ことです。

社長は、想定外の事態に見舞われても、決して「外部環境」のせいにしてはいけません。会社の業績が芳しくないとしたら、それは景気のせいでも、取引先のせいでも、政治のせいでも、行政のせいでも、国際情勢のせいでもなく、**社長自身のせい**です。**問題はすべて、「自分の中」**にあります。

他責から「自責」の考え方が23年連続黒字を支えた

たとえば、私たちのような専門輸入商社にとって、為替変動は否応なくその業績に影響を与えます。

円安になれば、調達コストが増加します。日本レーザーは、毎年約2000万ドルの海外調達があります。

2012年は、平均すると「1ドル＝約80円」で送金していたため、約16億円で調達できました。

しかし、2013年は、「1ドル＝約100円」になり、約20億円の送金が必要でした。

つまり、**「4億円」のコストアップ**です。

当時の直近3年間の平均経常利益は約3億円でしたから、何も手を打たずに、「為替変動は自分のせいではない」と他責（自分以外の人や状況に責任があると考えること）で考えていたら、確実に赤字に転落していたでしょう。

私たちが、円安になっても黒字経営を続けられたのは、問題を自社の外側に置かず、「円安はどうしようもないが、**自社としてできることは何か**」と、**自社の内側にある課題**として**自責**（自分に責任があると考えること）の思考でやり続けたからです。

そして、社員の理解を得ながら、「レーザー以外の新規事業（静電型センサー）」「新規サプライヤーの開拓」「ボーナスや日当の一部カット、社員旅行の中止などの経費削減（２０１４年からは元に戻している）」などの策を講じた結果、黒字決算を達成できたのです。

２０１５年には一段と円安となり、送金レートは「１ドル＝１２１円」でしたが、これまで以上の自主努力で赤字転落を防ぎました。

また、レーザー業界はＭ＆Ａが頻繁に行われているので、契約していたサプライヤーから、ある日突然、契約を打ち切られることもあります。海外のサプライヤーが日本法人を設立すれば、商権を失います。

このとき、「先方の都合だから仕方ない」「不景気だから仕方ない」ですませてしまうと、連続黒字を達成できません。

日本レーザーでは、「ベンチャー段階での出資」「自社開発品の海外サプライヤーの部品組み込み」「深い人間関係の構築」「技術的サービスの差別化」などに努め、常に事業リスクに備えています。

「クライアントを失うのは、自分たちに不備があるからでは？」と、自社の中に原因を見つけ、改善を図ってきたからこそ、**逆境にも負けない強い会社**になったのです。

赤字になるかどうかは、**社長の意識の問題**です。

円高だから儲からない。中国が安い製品をつくるから儲からない。国の施策が悪いから儲からない。取引先に値切られたから儲からない……と、経営者が他責の発想になった時点で会社は赤字へ転落します。

そして、社員も「社長が悪い、上司が悪い、取引先の担当者が悪い」と人のせいにして、努力をしなくなります。

経営トップに求められているのは、**自責の思考法**を身につけることです。

問題を自分の内側にあるとして取り組むことができれば、ビジネスの精度は大きく変わるでしょう。

なぜ、「得か損かだけでない」選択をしたほうが結果的にうまくいくのか？

自分の位置を確認する

1956年、私が中学校に入学したとき、校長に就任されたばかりの峯村光郎《みねむらてるお》先生は、入学式で次のような訓示をしました。

「将来のリーダーであるキミたちは、**聡明であって善良であれ**」

当時は、どういうことなのかよくわからなかったのですが、今になると、この訓示が何を示唆しているのか理解できます。

このメッセージは、私の原点であり、「**正しいか、正しくないかで物事を判断する**」ことの大切さを教えてくれました。

ビジネスは、選択の積み重ねです。リスクと可能性を冷静に判断し、選択しなければなりません。

選択をするときは、次の順番で行います。

① 位置の確認

② 意思決定

❶ 位置の確認

意思決定の前に、まず、「自分（自社）が置かれている位置の確認」をしなければなりません。

位置には2つあります。**「時間軸」と「空間軸」**です。

歴史的に見て、今はどういう状況にあるのか（時間軸）、業界の中で、あるいはグローバル化の中で、自社はどのポジションにあるのか（空間軸）など、「自分のいる位置」を正しく認識することが大切です（何事も「1」がなければ「2」はない、という意味で、「位置」は「数字の1」に置き換えることもできます）。

自分の位置を知るためには、的確な状況判断ができる「聡明さ」が必要です。

意思決定には「善良かどうか」が必要

❷意思決定

意思決定をするときは、「正しいか、正しくないか」を見極めることのできる「善良さ」が必要です。

人間は、ともすると、自分にとって「損か、得か」で意思決定をしがちです。「より安全」なほう、「よりお金が儲かる」ほう、「より人気が出る」ほうなど、生きていくうえでプラスになるかどうかで意思決定をしてしまいます。

ですが、「得になる」と見越した判断が結果的に正しくなかったりする。反対に、**「自分にとって損だ」と思った意思決定が、正しい判断に変わる**ことがあります。

「得する選択より、損する選択をしたほうがうまくいく」

そのことを実感した経験が、私には3回ありました。

「株を個人で購入したとき」
「親会社の取締役を辞任したとき」
「MEBOによる独立をしたとき」
です。

◉株を個人で購入したとき

1994年、日本レーザーが主力銀行から見放され、親会社から私が乗り込んできたときのことです。

当時、日本レーザーの株式比率は、同業他社を吸収したこともあって、日本電子が70%、債務超過の責任を取って退任する会長と社長の持ち分が10%、残りの20%の個人社員株主がいました。

会長と社長の持つ10%を「本社に買い取ってもらう」こともできたのですが、私はそうしませんでした。

私が「**個人的に買い取る**」ことにしたのです。

なぜなら、本社に買い取ってもらうと、リーダーシップを発揮できないからです。

社員は、「近藤は、やっぱり親会社からきた落下傘社長だ」「どうせ本社に戻るのだから、リスクを負うことはしないだろう」と勘ぐり、モチベーションは確実に下がります。

私は、日本電子の意向で派遣されただけでしたから、株を買う義務はありません。

ですが、社長の本気を示すために、私が自腹を切ることにしたのです。

では、いくらで買い取るか。

額面は「500円」でしたが、未上場の株であり、しかも債務超過になっていたため、100円でもいい。けれど、安く買うと、「近藤はうまくやった」と、とがめられるかもしれません。

そこで私は、ほかの個人株主と同じく、「500円」で買い取りました（ポケットマネーで300万円を支払っています）。

会社が再建できなければ、個人で買った株をすべて失う「リスク」があります。

一方で、「今度の社長は親会社の役員兼務とはいえ自腹を切った。本気だな」と社員がついてくる「可能性」があります。

損か得かで言えば「損な判断」でしたが、結果的には正しかった。会社の再建に弾みがついたからです。

２００７年のＭＥＢＯ時に、個人株主からいくらで買い取るかが課題でしたが、30％の配当をしていたので、額面の3倍になりました。つまり、３００万円で買った株は**「3倍の900万円」**になりました。損を承知で買った株でしたが、結果的に儲かったことになります。

◉親会社の取締役を辞任したとき

社長就任1年目で黒字化できたのですが、それでも、社員の中に、私への反発心や猜疑心が消えることはありませんでした。

「この実績を手土産にして本社に戻り、やがて本社の社長になるんだろう」という噂が絶えなかったのです。

確かに、彼らにしてみれば、私が本社の役員を兼務している以上、モチベーションもロイヤリティも上がらない。

私自身の日本電子での将来と、目の前の日本レーザーの再建との板挟みで、心の葛藤がありました。

しかし、悩み抜いたうえで、1995年6月の株主総会をもって、3期6年務めた日本電子の取締役を退任しました。

親会社でのキャリアアップを目指していた私にとって、「中小企業（日本レーザー）の社長に専念する」という選択は一見損な選択でした。

でも、**「得か損か」ではない「正しい選択」**をしたからこそ、結果的に運をたぐり寄せたのだと思います。

1995年4月には、「超円高」（79円75銭）になるなど、輸入業に追い風が吹きました。2億円もする自社製品「光ディスクマスタリングシステム」も受注し、売上も急増。**2年目にして累積赤字を一掃し、復配が可能**になったのです。

◉MEBOによる独立をしたとき

2007年、日本レーザーは、MEBOによる独立を果たします。

独立を決めた経緯はいくつかありますが、おもな理由は次のとおりです。

●独立への機運を高めた5つの出来事

①日本レーザーが黒字に回復した途端、親会社が配当の増配を望んだ（3割から5割へ）

②生え抜き幹部の昇進や役員登用には厚い壁があった

③為替予約（為替レートの変動によるリスクを避ける取引）をするときも、本社の承認が必要なため、意思決定のスピードが損なわれた

④利益が出たため、10年間行われていなかった社員旅行（沖縄）を復活させた途端、本社社長が激怒し、始末書を書かされた

⑤日本電子と日本レーザーが出資した自社製品メーカー「日本電子ライオソニック株式会社」（レーザー顕微鏡のメーカー）の経営に4割出資していたのに一切参加できず、完成品もすべて日本電子が販売したこと。また、日本電子ライオソニックが経営破綻したことで、出資金1200万円が戻ってこなくなった

将来にわたって日本レーザーが空中分解しないで生き残るためには、親会社からの独立が必要であり、社員の当事者意識を高めるためには、社員全員が株主になれる仕組みが必要でした。

損か得かで言えば、このスキームはとても損で、リスキーでした。

前述のように、日本レーザーの買取には1億5000万円の銀行借入れが必要でした。

この借入れを5年間にわたって返していくことになったのですが（年間3000万円）、3000万円返済するためには、8000万円の経常利益を出さないといけません。

ところが、日本レーザーは、創業以来、MEBOで独立するまでの39年間で、8000万円以上の経常利益を出した年が、「たったの2回」しかありません。

8000万円の利益を5年間続けられるかどうか、私も正直、怖かった。

あまりにもリスクが大きすぎます。

けれど、このまま親会社から独立しなければ、せっかく再建できた日本レーザーがまた危機に瀕して、自己効力感が高い人材が商権を持って飛び出していくことが繰り返され、空中分解する恐れがありました。

だから、**会社を守るために、リスクを背負う覚悟**を決めたのです。

また、独立した2007年時点で、6億円ほどの運転資金が必要でした。

親会社が保証していた銀行借入れに対して、今度は代表取締役社長として**個人保証**を求められました。会社が利益を出すことができなければ、日本レーザーが経営破綻するだけでなく**私自身も自己破産するリスク**がありました。

私が妻に、「社員のモチベーションのためには独立するしかないけれど、それには、私が個人保証するしかない」と説明すると、妻は当然のごとく怒って、「私はサラリーマンと結婚したんであって、会社のためだからといって個人保証するような人間と結婚したんじゃない！」と反対されました（笑）。

でも、それしか方法はありませんでした。

妻には「個人保証はしない」と約束しましたが、**実際は妻には内緒で個人保証**を引き受けました。

結果的にMEBOは成功、業績はかえって発展し、個人保証も外してもらい、無借金経営を実現、妻に離婚されずに助かっています（笑）。

一時的に損をすることになっても、「聡明で善良な判断」を下した結果、日本レーザーは生まれ変わることができました。

独立する2007年の3月期で17%だった自己資本比率は、2013年度に50%を超え、それ以来一貫して50%以上です。

すでに持株会社の日本レーザーホールディングスは完全無借金で、事業会社の日本レーザーも有利子負債の私募債の合計よりも現預金が多い**無借金経営**になっています。

東京商工会議所の第10回「勇気ある経営大賞」で、**商社として初めて大賞を受賞**することができたのも、この「リスクを背負った経営」が認められたからです。

私が「一見損な」選択をする理由

私がリスクを背負う理由は（一見損な選択をするのは）、はっきりしています。

「日本レーザーを破綻させたくない」からです。社員を信じているからです。

会社が破綻してしまえば、雇用を守れません。

雇用を守れなければ、信じている社員に「人生の喜び」と「成長の機会」を与えることはできません。

日本レーザーで働く人たちを路頭に迷わせたくない。

そのためにも私は、自分の損得ではなく「正しいか、正しくないか」で物事を判断しているのです。

わが子2人の死をどう受け止めたか

試練があるから、成長がある

身も蓋《ふた》もないことを言えば、「世の中は、思いどおりにいかないもの」です。

「どうしてこんなことが……」と、受け入れがたい苦難や、試練や、逆風や、困難に見舞われることがあります。

こんなとき、「すでに起きてしまったこと」を恨んだり、悩んだりしても仕方がない。「すべては必然であった」「起こるべくして起きた」と、受け入れるしかありません。

受け入れたうえで、それを克服すべく工夫を重ね、努力する。

そして乗り越えることができたとき、身に降りかかった難題が、実は**「自分を磨く砥《と》**

石《いし》」だったことに気づくのです。

私は27歳で結婚し、28歳のとき、妻が双子の男の子を出産しました。

「崇之《たかゆき》」と「順嗣《のりつぐ》」と名づけました。

ところが、子どもを授かった喜びは、一転して、悲しみに変わりました。

血液型の不適合で重度の黄疸を発症して、**生後3日で、2人とも命を落としてしまった**のです。


悲しみは、尽きることなくあふれてきました。

深い苦しみ、絶望、悲嘆に心が引き裂かれそうになりました。

しかし、どれほど悲運を嘆いても、現実を変えることはできません。

時間も、子どもたちの命も、取り戻すことはできません。

さらに残念なことに、その後、子宝に恵まれることはありませんでした。


当時の私は、「子どもの死を受け入れる」ことができませんでした。

葛藤と苦悩を消化できずにいました。

けれど、時がすぎるごとに心の整理がついて、今では、「愛する2人の子どもを失うという試練さえ、私たち夫婦にとっては必然であり、必要だったのではないか」と受け止めています。

「身のまわりの出来事は、すべて必然である」と受け止め、「それが必要であり、ベストであった」となるように努力することが大切だ、と思えるようになったのです。

労使関係の民主化も、米国支社の閉鎖も、会社の再建も、厳しい戦いです。

双子の赤子を抱えた状態で、死力を尽くすことができただろうか……。

睡眠時間もままならないほど仕事に追われているのに、子育てができただろうか……。

子どもが育っていく中で、アメリカ赴任を命じられたら決断できただろうか……。

子どもを亡くしても亡くさなくても、私の選択は変わらなかったかもしれません。

けれど、確かなのは、**「愛する子どもたちの死」という経験があったからこそ、私は成長することができた**ということです。

だから、いつも亡くなった子どもたちに感謝しています。

苦難、試練、逆風、困難という砥石で自分を磨く

人生には、抗《あらが》いようのない悲劇に直面するときがあります。不条理が起きるときもある。それでも、身のまわりの出来事を「**必然で、必要で、ベストである**」ととらえ直すことができれば、悩んでいる時間が減って、すぐに気持ちを切り替えることができます。

労組の執行委員長への就任も、アメリカ赴任も、日本レーザーの再建も、部下の独立も、為替変動も、リーマンショックも、いずれも不条理な出来事です。

それでも私は、受け入れた。

そしてとらえ方を変え、気持ちを切り替えて、生産的で現実的な対応を取ってきました。だからこそ、私も会社も、苦境を乗り越え、成長できたのだと思います。

会社は「社員の成長を促す場」ですが、それと同時に「**社長が成長する場**」でもあります。

そして、社長が成長するためには、「**苦難、試練、逆風、困難」といった砥石で自分自身を磨かなければならない**のです。

「修羅場」は最高の社員教育

━リーダーに必要な5つの危機管理能力

リーダー（社長）の力が最も必要とされるのは、危機に直面したときです。リーダーはそのときに備えて、「危機管理能力」を磨いておかなければなりません。

危機管理能力とは、具体的に、次の「5つ」に分かれます。

① 情報のキャッチと伝達を素早く行う

危機管理の半分は、「**予兆をつかんで事前に対策する**」ことです。そして予兆（悪い情報）をつかんだら、知らないふりをしないで、**すぐに伝達して対策**を練ります。

② どんな状況にも臨機応変に対応する

危機に直面したとき、マニュアルどおりに対応すべきか、それとも、マニュアルを無視して柔軟に対応するのか、その判断をします。

③ 事実は何か、真実は何かを追求する

どんな情報も鵜呑みにしないで、「聡明さ」を持って見極めます。

④ 全体を把握して、誰にでもわかる言葉で話す

断片的な情報を繋ぎ合わせ、整理して、危機の全体像をつかみます。危機対応の指示を出すときは、専門用語は使わないで、**会社の全員がわかる言葉**で伝えます。

⑤ 危機のときこそ、努めて明るく話す

危機に陥ったとき、社長が悲壮感を漂わせると、チームを不安にさせます。**リーダーはどんなときでも、笑顔を忘れてはいけません**。

この5つの危機管理能力を伸ばすのに最適なのは、「**修羅場を経験**すること」です。

つまり、実際に危機的状況に直面し、それを乗り越えることに勝る教育はありません。

数年前に病気でリタイアした後継社長候補は、30代でアメリカの有力商権を失ったとき、初代社長から「代わりのメーカーを探すまで、帰国するな」と指示を受け、2か月間、アメリカ中を奔走したことがありました。努力も空しく、刀折れ矢尽きて帰国しましたが、のちに彼は、「この修羅場のおかげで成長できた」と話していました。

すでに決まっている私の後継者にも、私の「修羅場経験」を話しています。

とはいえ、修羅場を意図的につくり出すのは難しいので、将来の後継候補者たちを子会社や関連会社の社長に抜擢して、実際に会社を経営させてみてはどうか、と考えています。

修羅場に直面しても、まわりのせいにしないで、自責で考える。修羅場を「成長の砥石」と考えて、不断の努力を続ける。こうした資質を伸ばしてこそ、後継者にふさわしい人材が育つのです。

トラブルは自分を磨く砥石

一般的に、新卒社員の「入社3年以内の離職率」は、大卒で30％、高卒で40％と言われています。退職理由は、「仕事がつまらない」「会社での自分の将来に夢がない」「待遇が悪い」「職場環境が悪く、人間関係がよくない」などが挙げられます。

しかし、2、3年で会社を辞めてしまっては、何のキャリアも残りません。

会社で働いていれば、やりたくない仕事を任されることも、安い待遇で働かされることもあります。威張る上司や怒る顧客もいます。

けれど、「そもそも会社とは不条理な場である」と自覚して、**「不条理な出来事もトラブルも、すべて自分を磨く砥石である」**と考えれば、日々成長できるはずです。

思いどおりにいかないことがあっても、他人のせいにしない。自分の問題として受け止めて、努力する。社員を成長させるために、社長は、

「不条理な出来事もトラブルも、すべて自分を磨く砥石である」

ということを早期から社員に指導していくべきだと思います。

今やらねばいつやるのか？ ここでやらねばどこでやるのか？

無理難題に直面したら、「今、ここ、自分」と唱えてみる

無理難題に直面したとき、私は心の中で、こう唱えています。

「今、ここ、自分」

この言葉は、労組の執行委員長時代に、ある先生から教えていただいて以来、心の支えにしています。これは、お釈迦さまの生き方を示しています。お釈迦さまは『一夜賢者経』という教典の中で、

「過去を追うな。
未来を願うな。
過去はすでに捨てられた。

未来はまだやって来ない。
だから現在のことがらを、
現在においてよく観察し、
揺ぐことなく動ずることなく、
よく見きわめて実践すべし。
ただ今日なすべきことを熱心になせ。
誰か明日の死のあることを知らん」
と言ったそうです（ひろさちや著『「いいかげん」のすすめ』ＰＨＰ研究所より）。

「今」「ここ」「自分」の３つは、禅の思想を端的に表した言葉です。

❶「今」とは、「今、この瞬間を生きる」こと

人は昨日に戻ることも、明日に先回りすることもできません。「今」を生きるしかない以上、「今」という瞬間を精一杯生きることに全力を尽くすべきです。

❷「ここ」とは、「この場所で生きる」こと

自分の足元は、常に「ここ」にある。この会社、この家、この社会に生きています。自分がいない場所に行くことはできません。「ここ」から逃れることは、誰にもできません。家を出ることも、転職することも、海外へ移住することも自由ですが、どこに行こうと、私たちは「ここ」に生きています。

❸「自分」とは、「自分の人生を生きる」こと

他人をうらやんだところで、他人の人生を生きることはできません。自分の人生が苦しくても、誰も代わってはくれません。自分の人生の責任を取れるのは「自分」だけです。人生の主人公は「自分」です。目の前に試練や、難題や、不条理が降ってきたとき、「今、ここ、自分」の教えに従い、私は自分自身にこう問いかけています。

「今やらねば、いつやるのか。
ここでやらねば、どこでやるのか。
自分でやらなければ、誰が解決してくれるのか」

労組の執行委員長に担ぎ上げられたときも、ニュージャージー支社を閉鎖するときも、ボストンで人員整理をするときも、苦難の連続でした。

「裏切り者！」呼ばわりされたことも、冷ややかな目で見られたことも、一度や二度ではありません。

それでも、「この瞬間、この状況の中で、自分がやるしかない」と覚悟を決めて、難題に立ち向かいました。

「日本レーザーを再建しろ」という話をいただいたのは青天の霹靂《へきれき》でしたが、それでも私に迷いはありませんでした。

「挑戦に値する仕事」として受け止め、「全力で取り組んで、とにかく再建してみせる」という意識しかなかったように思います。

たとえ損な役回りでも、それが自分の巡り合わせなら、精一杯ぶつかってみるしかない。

前述した「不思議な勝ち」は、そういう気持ちで挑戦し続けた人にだけ訪れる気がします。

人生において2点間の最短距離は直線ではない

人生は、理屈では割り切れないことのほうが多いものです。

人生は、紆余曲折の連続です。

人生は、山あり谷ありです。

でも、**苦しみや悲しみが大きいほど、人は成長する**ことができます。

回り道や挫折があるからこそ、次の発展につながっていくのです。


「人生において2点間の最短距離は直線ではない」


そう教えてくれたのは、私の父です。

父は陸軍の軍医で、満州、インドシナ、インドネシアなどの戦地を転戦したそうです。

命を奪われかねない危機に幾度も直面する中で、父は「人生は、思いどおりにならない」という人生観を身につけたのだと思います。

遠回りこそ人生の最短ルート

私が学生時代にドイツへの留学を希望したとき、「留年、休学してもいいから、行ってこい」と賛成してくれたのは、父の中に**「遠回りこそ、人生の底力を養う機会である」**という考えがあったからでしょう。

私は、大きな試練にぶつかるたび、父の言葉を思い出し、**「遠回りこそ、人生の最短ルートである」**と、自分に言い聞かせています。

理論上は、直線で結ぶのが最短ルートなのですが、人生に直線の道はありません。

私自身の人生を振り返っても、逆風ばかりでした。労組の執行委員長になったことも、経営不振の海外子会社に送り込まれたことも、直線ルートではありません。

けれど、逆風にあおられることがなかったら、今の私はなかったと思います。

回り道に見えることも、あとから振り返ってみたとき、「自分の成長につながる最短ルート」となることがあるのです。

成功を引き寄せる4条件

ボストン駐在時代に、アメリカ人の友人のひとりから、

「アメリカで成功する条件は何だと思うか?」

と聞かれたので、私は、

「体力と、能力と、ハードワーク(努力)の3つだと思う」

と答えました。

すると彼は、

「それだけで成功できるなら、アメリカはミリオネアだらけになっている」

とあきれた顔を見せたのです。

では、ほかに、どんな条件が必要なのでしょうか。

「もうひとつ、とても大切な条件がある。

それは『運』だ。神様を味方につけた人だけが成功するんだ」

アメリカ人がボランティア（奉仕や寄付）に積極的なのは、「人は、神に生かされている」「その人の運命（運）を握っているのは、神である」という宗教観を持っているからです。

体力と能力とハードワークが備わっていても、神に認めてもらえなければ、成功は手に入りません。「アメリカ人は、慈善活動を通して神への感謝を捧げ、運のめぐりをよくしようとしている」というのが友人の説明でした。

「成功するためには運が必要であり、運を引き寄せるには、神への感謝を示すこと」という視点は、当時の私にはなじみにくいものでした。

神頼みは、他力本願です。

私は合理的に物事を考えるタイプなので、「目に見えないもの」の存在を鵜呑みにすることはできなかったのです。

ですが、今の私は違います。

友人が教えてくれた、**「感謝が運を引き寄せる」という法則こそ、「経営の原理原則」であると**考えています。

日本人は、八百万《やおよろず》の神を自然の中に見ていると言われています。

私は特定の信仰を持ちませんが、私たちがこの身を借りて一生をまっとうできるのは、**「目に見えない存在」のおかげ**だという思いがあります。

どうすれば「運」がよくなるか

社長就任1年目で黒字化できたのも、MEBOに成功して親会社から完全独立できたのも、10年以上離職率ほぼゼロになったのも、23年連続黒字を達成したのも、その理由を「ひと言」で説明するとしたら、私はこう答えるでしょう。

「運がよかった」

私はこれまで、厳しい状況を何度も乗り越えていく中で、「運を味方につける」ことの大切さを実感しています。

では、どうすれば運がよくなるのでしょうか。

私は、**「5つの心がけ」**で運はよくなると考えています。

●運がよくなる5つの心がけ

心がけ① 「いつも明るくニコニコと笑顔を絶やさないこと」

どんなときでも、不愉快な表情をしないことです。

挨拶をするときも、目礼だけで終わりにしないで、明るく元気に挨拶をします。

「つまらない」「疲れた」「できない」「嫌だ」「仕方がない」といったネガティブな言葉が口をついて出そうになったら、**カラ元気でもいいので「楽しい!」「元気だ!」と言い換えてみましょう。**

心がけ②　「いつも感謝すること」

生まれたこと、産んでいただいたこと、育ててくれたこと、ご先祖様への感謝。仕事ができることへの感謝や、お客様、取引先、社員への感謝。「オレが、オレが」という自我を捨て、**「自分は生かされている」**ことを知り、**謙虚になる**ことが大切です。

人は、ひとりでは生きていけません。

ところが、そのことを忘れ、「自分の力だけで生きている」ような気になってしまう。そんなひとりよがりな生き方では、ビジネスは成功しません。

私は、**「自分は、さまざまな存在や、さまざまな出来事によって生かされている」**ということを忘れないように、次の「4つの言葉」を口グセにしています。

朝めざめたときに、1日の終わりに、日中でも折に触れて、「4つの言葉」を唱えています。

◉「ありがとうございます」

生かしていただいて、ありがとうございます。仕事をさせていただいて、ありがとうございます。ご縁をいただいて、ありがとうございます……など、自分の運命やご縁に感謝します。

◉「ごめんなさい」

物事がうまくいくと、つい自分の手柄だと勘違いしがちです。あるいは、物事がうまくいかなかったと、ついまわりのせいにしがちです。自分の思い上がりや傲慢さに気がついたとき、心の中で「ごめんなさい」とおわびをします。

◉「これでよろしいですか?」

戒律を守って生きようという意思です。「戒」とは、やってはいけないこと、「律」とは、やるべきことです。社会のルールを守って、「やるべきことをやり、してはいけないことをしていないか」を問いかける言葉です。

◉「どうぞよろしくお願いいたします」

「やるべきことをやったら、あとは運命に委《ゆだ》ねるしかない」「あるがままを受け入れるしかない」という潔い態度を示す言葉です。

心がけ③　「昨日より今日、今日より明日と『成長する』こと」

ビジネススキルなどの実務面の成長という意味だけではありません。心の内面の成長など、人間の本質的な成長のことです。

心がけ④　「絶対に人のせいにしない」

すべての問題は、「自分自身の中にある」と考え、まわりのせいにしないことです。

心がけ⑤　「身のまわりに起こることは必然と考え、すべてを受け入れる」

逆境やトラブルや困難でさえ、「起こったことのすべてが自分には必要である」「この経験があるから自分が成長できる」と受け止めて、乗り越える努力をすることです。

「自分は運がいい」と思っていれば、うまくいかないことがあっても、とらえ方が変わります。

「本当ならもっとひどいことになっていたかもしれない。この程度ですんでよかった」「こういうことが起きるということは、努力が足りないというサインだ」と前向きに受け入れることができます。

運をよくしたいなら、

「いつも笑顔で、感謝して、成長して、他責にせずに、受け入れる」

という気持ちを持って仕事をする。この5つの心がけを習慣化することで、**運のめぐりがよくなる**のだと思います。

経営者には、「運」や「ツキ」が必要です。

「運が悪い経営者」は、企業を発展させることができません。

会社が赤字になれば、雇用を守ることができず、社員を不幸にします。

そうならないように、社長は自分の心を整え、行動を律し、運を味方につける必要があるのです。

本書が、多くの経営者の助力となることを願ってやみません。

最後になりましたが、これまで公私にわたってご指導、ご支援いただいた多くのみなさま、執筆にお手伝いをいただいた、クロロスの藤吉豊さんとダイヤモンド社の寺田庸二さんに心からお礼申し上げます。

また、結婚当時23歳だった妻の百合子には、私の激動の人生の伴侶として苦労をかけてきたので、心からの労《ねぎら》いと感謝を伝えたい。ありがとうございました。

特別付録

「人を大切にしながら利益を上げる」問答集

1 経営全般について

●事業を行ううえで、経営上、最も重要と考えてきたポイントは？

■社員が頑張れば利益が上がり、企業として継続できるビジネスモデルと経営戦略の策定

■社員が頑張れるようにモチベーションを上げる仕組みと風土づくり

●会社経営で最大の「転機」は？

■1993年に債務超過となり、1994年から私が親会社から派遣され再建に当たった

■社員・役員の当事者意識を高め、会社を自分のものとして献身してもらうために、2007年にMEBO（↓215ページ）で親会社から完全独立

●経営上の「最大の強み」とは？

■日本最古のレーザー専門輸入商社という知名度と、顧客の支持と多くの海外サプライヤーの高評価

■社員教育により社員のレベルとモチベーションが非常に高く、提案営業ができるプロフェショナル集団

■技術員が多く、輸入品にもかかわらず、充実した技術サポート・サービスを提供

■財務力が高く、メーカーや顧客に代わってリスクを背負える

●何が、その「強み」をもたらしているのか？

■経営者の先見性とグローバルビジネスに長けた交渉力

■リストラのない経営で、社員・役員が常に成長し続ける風土と仕組み

■社員が大切にされている実感からくる業績への貢献、会社存続への献身、さらには危機に当たっての火事場のバカヂカラ（↓37ページ）

■自己効力感の高い社員・役員による自己組織化の土壌

●「強み」をつくり上げるプロセスで大事なものは？

■リストラなし、セクハラ・マタハラなし、解雇・肩たたきをしない雇用方針

■再建時から定年再雇用で、誰でも65歳まで雇用（↓160ページ）

■健康で貢献できる限り再再雇用で70歳（将来的には80歳）まで働ける仕組み（↓160ページ）

■通年採用と採用方法の工夫による人材の確保（↓143ページ）

■社員教育の充実（社長自身による教育、経営者大学など外部機関による充実した社員研修↓75ページ）

■社員、事務員の女性を含む海外出張で大きく成長する仕組み

■学歴・年齢・性別・国籍にかかわりなく、能力・目に見える成果と目に見えない貢献度・経営理念の体現度による待遇と人事処遇制度（↓193ページ）

■結果として雇用は守るが、社員間の報酬格差は他社より大きい（↓189ページ）

■ダブルアサインメント・マルチタスク制による人材確保とリスク対応（↓178ページ）

■「今週の気づき」（↓62ページ）、「今週の頑張り」（↓70ページ）による個々の社員にフォーカスした人事

■社長自身と社員の行動力で、海外の有力サプライヤーを獲得

■2007年のMEBOで、社員全員が株主という日本で例を見ないモデルにより、全員の当事者意識が向上

●「強み」をつくり上げる過程で最も苦労したことは？

■人とお金

■経営破綻後、不良在庫、不良設備、不良債権に加えて不良人材の処理という「4つの不良」に直面（↓26ページ）

■人材の確保。採用はハローワークが基本で、当初は人材採用が困難だった。しかし業績向上、2007年独立以降の知名度アップにより、ハローワークのほかにも随時ハイレベルで高学歴の求職者が増加中

■親会社からの独立スキームに基づくと、親会社が保証していた借入金に対して代表取締役社長として個人保証を求められた。最悪の場合、自己破産のリスクを背負う勇気が必要だった

■MEBO後2年間、買収のための借入金を返済できる利益が得られなかったので、運転資金の借入金で補塡して返済せざるをえなかった

■その後、業績向上で個人保証を外してもらい、買収資金も完済し、無借金経営に

■親会社からの再建社長就任に反発したナンバー2の常務以下幹部社員が、有力商権を持って独立（フランス、ドイツ、イスラエルの3社）した結果、非常に厳しい事態になり、新商権獲得やサプライヤーとの関係構築は社長の最重要仕事になった

●「強み」は今後とも維持できる？　そのために最も大事なことは？

■維持できる

■「人を大切にする経営」にとどまらず、「社員が会社から大切にされている実感を持てる経営」を常に心がけ、仕事を通じて社員が成長し、企業を舞台に自己実現できるように経営していくことが大切

■海外サプライヤーのM&Aが多くなり、商権を失うことが増えているので、既存のサプライヤーとの関

係強化、戦略提携を進めるとともに、新商権の獲得に努力

■MEBO直前の自己資本比率が17％に対して、買収資金完済時の自己資本比率は55％まで向上。その後も財務の健全さを維持（↓219ページ）

■強みを活かすためにも財務体質の充実が大切で、無理な業務拡大をしない

2 経営者について

●経営者として学ぶべき人は？

■風戸健二氏（日本電子創業者）、加勢忠雄氏（同2代目社長）、伊藤一夫氏（同3代目社長）

■法政大学大学院政策創造研究科の坂本光司教授

■株式会社ベックスコーポレーションの香川哲会長

■株式会社新経営サービスの田須美弘社長

■日本創造教育研究所グループ創業者の田舞徳太郎代表

■NPO法人山の幸染め会代表・株式会社ハピネスの隆久昌子社長

●「常に他社より一歩先を行く」ために心がけていることは？

■情報、人脈、応援団の充実。社員のモチベーション向上と社員にチャンスを与えるサーバント・リーダーシップ

■自己組織化が進む経営

●市場や顧客動向を読んだり、情報収集のためにしていることは？

■海外出張、海外展示会への参加、有力海外パートナーとの個人的関係強化
■海外企業情報、為替、世界経済などの情報収集に、テレビ（ＢＳ）、ネットの活用に加え、自分の仮説と検証を繰り返す

●社内の動きを把握しつつ、社員を励ますために心がけていることは？

■いつも明るい笑顔で社員に挨拶。社内のウォーキング・アラウンドでさりげない会話（↓59ページ）
■全社員からの「今週の気づき」と「今週の頑張り」のチェックと返信（↓62ページ）
■パート、派遣を含め全社員の誕生日にギフトカタログと直筆カードの送付（↓60ページ）
■全社員の家族宛に月刊誌「ＰＨＰ」を送付
■毎年開催される東京での周年パーティに支店のパートも招待（↓60ページ）
■各種パーティや東京での忘年会に本社ビルの清掃員も無料招待（↓60ページ）
■忘年会・社員旅行時に社長のポケットマネーで賞金・賞品提供

●取引先や地域社会との信頼関係維持で心がけていることは？

■業界の任意団体、「日本レーザー輸入振興協会（ＪＩＡＬ）」の会長をボランティアで１９９８年から務め、ほぼ毎月の理事会を主宰
■本社の大会議室を業界・学会の会合に無料提供
■「人を大切にする経営学会」副会長兼「日本でいちばん大切にしたい会社」大賞審査員としてボランティアで全国の応募企業を訪問

■会社としては、地元の西早稲田駅（東京メトロ副都心線）構内の案内や道路上の地図などを提供。新宿区立西早稲田中学校に写真新聞を提供
■社長自身、社外講演や本社視察や取材（年間50回ほど）の依頼に多くの時間を割く
■全国の各種大学でボランティアの講義
■毎年、海外学生のインターン（これまで8人）を受け入れ。毎年、ボストンの大学のMBA学生一行（約20人）を受け入れ

●トップダウン型とボトムアップ型リーダーシップ、どちらが望ましいか？

■企業の発展段階に応じてリーダーシップやマネジメントは異なるべき
■第1に、再建期はトップダウン型で経営刷新
■第2に、モチベーションを上げることを最重視
■第3に、社員の当事者意識を高めることを重視（MEBOなどもその一環）
■第4に、「社員が会社から大切にされている実感」を持てる経営へと深化
■最後に、究極の経営として自己効力感が高い社員による自己組織化の展開へ変貌

●社員を奮い立たせる野心的目標や「夢」は？

■日本レーザー（JLC）の親会社としてJLCホールディングス（JLCHD）があり、社員・役員には自分の会社や海外メーカーの日本法人を個人出資とJLCHDの共同出資で設立できるようにしてある

●事業の方向性は社員の行動に結びついているか？　そのために実践していることは？

■仕事自体、自己完結型が多く、個人の力量とチームワークで成果を挙げる仕組み

■かつての個人商店の寄せ集めから、各グループが力を合わせ、社内カンパニーのようになり、それぞれの責任者（社員）を執行役員（４人）として次期経営者への経験を積ませている（２０１６年より）

■技術から営業への配置転換も適性を見て実施

■２０１７年から営業組織を縦割りから「地域割り」にするなど、絶えず社員の挑戦意欲をかき立てている

3　企業風土、社風について

●経営理念、企業の使命、社員の行動規範など、事業の軸となる「価値」を明らかにするものは？

■クレド（↓116ページ）。単に経営理念、社是、使命、行動規範など事業の軸となる「価値」を明らかにするだけではなく、「働き方の契約」としての役割を持っている

■クレドには、社員に対して経営者としての約束も含まれる一方、社員が経営に対して約束している働き方も明記されている

■その内容を社員への「総合評価表」（↓196～197ページ）にまとめて社員の評価と成長に活用している

■クレドは独立時の２００７年にスタート、２００８年に冊子発行、ＭＥＢＯ資金完済時の２０１２年７月に改定版を発行。５年ごとに更新する予定

●経営理念や社是などに示された「価値」を、いかに社員に浸透しているか？

- 毎日、会議のはじめと終わりに、その会議に出席している全員で唱和
- 年2回の「総合評価表」の自己採点時に社員が内容と向き合う
- さらに結果について、上司とのフィードバック面接により、課題が浮き彫りにされ、望ましい理念の体現や行動規範が徹底される

●「社風」の特色は？

- 全員が自主的に工夫と努力をして会社への貢献を目指している。好きな仕事を好きなように行って、会社全体の業績に貢献できる
- 言いたいことが自由に言える風土のおかげで、経営への要望や批判も自由にできる
- 評価や待遇は他社より厳しいが、仕組みや制度の透明性が高く、結果の納得性も高いため、離職者がいない。実際この10年以上、会社を不満としての退職者はいない
- 女性社員が結婚して、第一子妊娠・出産での退職者はゼロ（全国平均は退職率60％以上↓172ページ）

4　組織力について

●仕事をうまく進めるために、採用している独自の方法は？

- メーカーは受注・売上主義だが、輸入商社モデルとして「粗利」を重視
- 営業員と技術員へのインセンティブとして、粗利の3％を原資として成果賞与を支給。配分方法は貢献

度に応じて受注計上者が決定。営業の受注に貢献したほかの営業員や、デモ、納入、アフターサービスなどを担当する技術員にも配分（↓193ページ）

■受注と粗利の実績は、毎月ネット上と社内報で、全社、事業別、部別、グループ別、個人別に公表。成果賞与配分につながる貢献度（粗利ポイント）もネット上で全社公開

●社員間の情報共有や技術・技能の伝承のために工夫していることは？

■情報共有のため、毎週月曜または休み明けに、本社と支店をテレビ会議でつないで全社会議を開催（通常8時30分～9時15分↓80ページ）。月1回は9時～10時30分に「総括会議」を開催

■月刊社内報「ＪＬＣ　ＮＥＷＳ」は１９９４年の創刊以来、２０１７年3月で２６５号に。海外出張者は、全社会議で英語で報告、業務報告とは別に社内報にも写真入りで報告

■正社員の定年は60歳だが、全員再雇用で65歳まで働き、健康で貢献できる限り70歳までの再再雇用制もあり、シニア社員からスキルを継承

●業務の見直しや改善はよく行われているか？

■常に業務や制度の見直しをするのが体質で朝令暮改もある

■「働く条件の契約」である就業規則は毎年改定

■社員からの提案は、役員間の話合いですぐに決定、実施

■常務・専務・社長の打合せは、毎朝8時～8時30分

■社員も随時社長に話しかけてくるなど、風通しがいい

■「今週の気づき」のほかに、仕事以外でも「こんなに頑張った」ことや「利他の行い」などを書く「今週

の頑張り」もすっかり定着。これにより社員の提案や自主的な行為も把握できる

●社員の自主性を尊重したり、責任を持たせたりする取組み（権限委譲等）は？

- 各社員は職務が明確なので何をすべきかわかっており、どう行うかは自主的に考え仕事をしている
- ただし、チームとしての成果や情報共有も必要なので、グループごとに週1回グループ会議を実施
- 上司の了解が必要な場合は、ネット上のワークフローで承認を得て実行
- 新しいプロジェクトなどは、社員から担当役員経由で社長に提案があり、原則的に認めている
- 自己組織化の進展で、社長や役員が指示する回数が減少

●新しいものを取り入れる雰囲気は？　新製品・サービス開発への「仕組み」は？

- 海外出張やサプライヤーからの情報で、新製品・ビジネスについて社員が提案する機会が増加。提案した社員を積極的に海外出張させる
- こうした雰囲気が新事業を生み出し、顧客の要望で自社ブランド製品を開発したり、当社のパートナー以外のメーカーからの輸入代行につながることも多い

●社外への情報発信で何を重視している？

- 日本で唯一のＭＥＢＯを実施したこと、日本で最も進んだ自己組織化のひとつの例などは極めてユニークな発信内容
- 最近はメディアからの依頼で、働き方改革、女性活躍、ダイバーシティ経営、生涯雇用、同一労働同一賃金のようなテーマでの取材や講演が急増中

■２０１６年11月から東京商工会議所の１号議員に選出。その後も日本商工会議所職員への研修や地方の商工会議所でも講演が増加中

5　人材育成について

●社員の人格や行動習慣の向上のための仕組みとは？

■全社会議での社員教育の一環として、女性の総務課長、経理課長などから、社長に代わって社員への注意をしてくれる。社長が言うよりはるかに効きめがある

■社外研修では、１年で１００万円（京都）、１２０万円（東京）かかる経営者教育に幹部を派遣。京都では９人、東京では延べ６人が受講済

■幹部・中堅社員には年間30万円の自己革新研修（宿泊）を受講させており、正社員・役員の３分の２程度が受講済で、全員受講を目指している

■宿泊研修には既婚女性社員も参加

●社員の能力アップのための独自の取り組みは？

基礎能力手当として下記を支給。

■ＴＯＥＩＣ手当（月額０～２万５０００円↓154ページ）

■ＰＣ／ＩＴの運用・活用能力手当（月額４０００～２万円）

■対人対応能力・態度能力手当（月額４０００～２万円↓57ページ）

などを5段階評価で支給

●複数仕事をこなせる人材育成にどう取り組んでいる？

- 女性社員が妊娠・出産などで退職するのは人材喪失になるため、男性社員とのダブルアサインメントにする（↓178ページ）
- ひとりの社員が複数の仕事ができるように、マルチタスクも実施（↓182ページ）
- ただし、社員に向上心や成長への意識が希薄な状態では実施しない。これは経営理念を体現する条件のひとつに「成長」があるため

●管理職の能力向上のためにやっていることは？

- 社外の管理職研修や経営者研修を受講させている
- 全社会議での発表機会を多くし、プレゼン能力も高めている
- 「今週の気づき」への返信を通じて毎週、部下と深く向き合う機会を与えている
- 営業は、部下の社員とチームの受注数や粗利実績を毎月ネット上と社内報で公表し、緊張感を維持
- 部下の昇格についても、上司としての意見・理由を経営陣に説明

●社員のモチベーションを高める仕組みは？

- 能力・貢献度・理念の体現度は、昇格や昇給、考課賞与へ反映
- 総合評価結果は、上司や担当役員が30分以上の面接を行い本人にフィードバックし、本人課題を明確化（↓198ページ）

■新規事業や海外出張など、社員が希望することをできるだけやらせる。結果がよければ評価。期待した成果が挙げられなければ、次への気づきとして成長してもらう

■17年前に両方の腎臓を失った正社員がいるが、現在も一貫して正社員のまま、自己療養を優先した短時間勤務中。現在59歳で定年の60歳が間近。その後も療養しながら定年再雇用社員として65歳まで働く予定（↓126ページ）

■この10年で3人がガンで死去した（39歳、42歳、57歳）が、最後まで正社員を嘱託にはせず、常務を非常勤役員にせず、待遇を維持。給料や賞与を払い続けた

■こうしたことが健常者にも安心感を与えて、モチベーションや献身する意識が高揚

■また経営オペレーションの基本として、「ＳＯＦＴ」（↓135ページ）がある。このルールで運営すると、社員のモチベーションが上がる

Ｓ：SPEED & SIMPLE

Ｏ：OPEN & OPPORTUNITY

Ｆ：FAIR & FLEXIBILITY

Ｔ：TRANSPARENCY & TEAMWORK

●職場の人間関係をよくする工夫は？

■個人の能力向上を求めているが、チームとしての成果も出す必要があり、社内の一体感、連帯感、帰属意識、献身を高めるための工夫を数多く実践中

■社長から「社員の名前」を呼んで挨拶する。社員とのさりげない会話を重視

■多くの会社では社内会話が減っているが、あえて社内会話が活発になるようにする

- 社内ラウンジでの飲み会、社外でのグループごとの飲み会や懇談会を担当役員が会社負担で自由に開催
- 全社員が参加できる周年パーティや社員旅行、忘年会などを実施
- パート社員や派遣社員が退職するときでもセレモニーを行い、社員からのカンパで記念品を贈呈
- 出産した社員が子どもを連れて会社を訪問するのも普通
- 結婚・出産や退職時に、会社規定の祝い金のほかに、本人の希望のものを全社員の負担（カンパ）で贈呈。家族共同体的雰囲気もある
- 常に成果が問われる小さなグローバル企業にしては稀有な存在

6 事業承継について

●事業承継についての基本方針は？

後継者の条件は以下のとおり

- 能力（実務能力、技術・市場の知識と経験、英語による交渉力、リーダーシップ、マネジメント能力など）
- 担当事業、部門での実績・業績、全社への貢献度
- 社員が背中を見てついていく人徳、オーラ、パワー、理念の体現者
- 上記基準で次期社長、次次期社長まで公表し、社長就任までさらに能力を向上してもらう
- ２０１８年４月に創立50周年を迎えるので、非常事態が起こらない限り、同年2月の株主総会で社長交代
- 私自身はその後も代表取締役会長として、国内の学会・取引先、海外サプライヤーなどとの関係強化を

はじめ、理念と業績の継続に努めて、代表取締役社長を助け、社員、金融機関、顧客、海外パートナーなどステークホルダーに不安がないように事業継承・企業の継続を図っていく

●事業承継の準備は？　円滑な事業承継のために大切なことは？

■経営者交代の混乱を避けるために、早めに将来構想を示しておくことが大切

■現在、社長が72歳、次期社長の専務が63歳、次次期社長の常務が54歳。ここまでは社内で発表済

■その次の世代は現執行役員（それぞれ45歳、44歳、41歳）および今後の執行役員の中で実績を挙げた人から取締役に昇任していき社長候補に

■70代、60代、50代、40代とほぼ10年置きに候補者がいることは大変恵まれている

■30代、20代にも有望社員が多く、将来が楽しみ

■社長が個人としてのリスクを背負って、親会社の日本電子から独立したことで、将来展望も開け、社会的に注目される存在に

■社員にも雇用不安がないビジョンのある企業に勤める安心感と同時に、将来にわたって自らがこの会社を支えていく覚悟と責任感とが生まれている。まさに「人は一代、名は末代」

＊以上は、一般財団法人商工会館中小企業研究会代表・元中小企業庁長官の中田哲雄氏との対談を要約・整理したもの

7　生活一般、モットーについて

●人生でいちばん楽しかったことは？

「55歳までのアルペンスキー競技。あるシニア大会での優勝後に、『ケガをしては社長業が務まらない』という妻のアドバイスで今はやめている」

●これまでで、いちばんくやしかったことは？

「エージシュート（1ラウンド18ホールを年齢以下の打数でホールアウトすること）をやったことがないこと。本業に加えて講演などが多くなり、ゴルフもできず、エージシュートはとても無理そう（ホールインワンは日米で計2回）」

●「座右の銘」は？

「人生において2点間の最短距離は直線ではない」（↓233ページ）

●今まで感銘を受けた本は？

「今田高俊著『混沌の力』（講談社刊、1994年）
シュテファン・ツヴァイク著、片山敏彦訳『人類の星の時間』（みすず書房刊、1996年）」

●尊敬する人物は？

「峯村《みねむら》光郎《てるお》氏（1906〜1978、慶應義塾大学名誉教授、元慶應義塾大学法学部長、元慶應義塾普通部長）

●よりよい1日を迎えるための朝の日課は？

「気づく人になるためにテキストを高速で黙読する」

●日常生活で気をつけていることは？（思考や言葉など）

「いつも明るい笑顔で」

●健康法は？

「食事と前向きに仕事をする」

●だいたい何時頃寝て、何時頃起きる？

「夜12時就寝、朝5時半起床」

●時間の使い方についてひと言

「集中と持続力」

●休みの日は何をしているか？

「講演や取材の準備」

●落ち込んだときはどうする？

「愛犬ポポと散歩する」

●失敗したらどうしたらいい？

「起こったことを受け入れる」

●ストレス解消法は？

「英語のゴルフ本や雑誌を読む」

●人生で大切なものは？

「妻と友達」

●勉強法は？

「仕事を通じての成長」

●ホッとする場所は？

「家庭」

●**成功とは？**

「自己の成長」

●**富を手に入れるために大切なことは？**

「日々の努力」

●**今いちばん会いたい人は？**

「福澤諭吉」

●**もし生まれ変わったら何になりたい？**

「宇宙飛行士」

●**経営とは何か？**

「人の成長を支援」

●**リーダーはどうあるべきか？**

「理念を持つサーバント」

●**元気のない会社にひと言**

「社長が変われば会社は変わる！」

●結局、人生とは何か？

「内面の成長を目指す歩み」

＊以上は「ビッグインタビューズＤＶＤ」の収録より

【著者プロフィール】

近藤 宣之（Nobuyuki Kondo）

株式会社日本レーザー代表取締役社長
1944年生まれ。慶應義塾大学工学部卒業後、日本電子株式会社入社。28歳のとき異例の若さで労働組合執行委員長に推され11年務める。そこで1000名のリストラに直面した後、取締役米国法人支配人、取締役国内営業担当などを歴任。

1994年、その手腕が評価され、債務超過に陥り、主力銀行からも見放された子会社の株式会社日本レーザー代表取締役社長に就任。

人を大切にしながら利益を上げる改革で、就任1年目から黒字化させ、現在まで23年連続黒字、10年以上離職率ほぼゼロに導く。

社員数55名、年商約40億円の会社ながら、女性管理職が3割。

2007年、社員のモチベーションをさらに高める狙いから、ファンドを入れずに役員・正社員・嘱託社員が株主となる日本初の「MEBO」（Management and Employee Buyout）を実施。親会社から完全独立する。

現役社長でありながら、日本経営合理化協会、松下幸之助経営塾、ダイヤモンド経営塾、慶應義塾大学大学院ビジネス・スクールなどでも講師を務め、年間50回ほど講演。その笑顔を絶やさない人柄と、質問に対する真摯な姿勢が評判を呼び、全国から講演依頼が絶えない。東京商工会議所1号議員。

第1回「日本でいちばん大切にしたい会社」大賞の「中小企業庁長官賞」を皮切りに、経済産業省の「ダイバーシティ経営企業100選」「『おもてなし経営企業選』50社」「がんばる中小企業・小規模事業者300社」、厚生労働省の「キャリア支援企業表彰2015」厚生労働大臣表彰、東京商工会議所の第10回「勇気ある経営大賞」、第3回「ホワイト企業大賞」など受賞多数。

【日本レーザーHP】
http://www.japanlaser.co.jp/
【夢と志の経営】
http://info.japanlaser.co.jp/

ありえないレベルで人を大切にしたら
23年連続黒字になった仕組み

2017年3月16日　第1刷発行
2017年4月19日　第3刷発行

著　者――近藤宣之
発行所――ダイヤモンド社
〒150-8409　東京都渋谷区神宮前6-12-17
http://www.diamond.co.jp/
電話／03･5778･7236（編集）　03･5778･7240（販売）
装丁――――石間 淳
編集協力――藤吉 豊
本文デザイン――布施育哉
製作進行――ダイヤモンド・グラフィック社
印刷――――堀内印刷所（本文）・加藤文明社（カバー）
製本――――ブックアート
編集担当――寺田庸二

ISBN 978-4-478-10159-9

◆ダイヤモンド社の本◆

どうしても人に教えたくなる ちっちゃい8社のストーリー

「奉仕を先に、利をあとに」を実践し、日本中だけでなく、
世界中からお客様が押し寄せてくる8社の心に響く物語。

ちっちゃいけど、世界一誇りにしたい会社

―日本中から顧客が追いかけてくる8つの物語―

坂本光司［著］

●四六判並製●定価（本体1429円＋税）

http://www.diamond.co.jp/